EN AVANT, MARS !

CHRONIQUE
DE SIMULATIONS MARTIENNES

Noria : machine hydraulique à godets favorisant l'irrigation.

La Noria : collection qui propose une autre irrigation du champ de l'actualité par une alimentation critique du flux de l'information ; collection dirigée par Marie-Paule Eskénazi.

Visitez notre site
http://www.labor.be

Photo de couverture : © Stuart Conway
Photos intérieures : FMARS Crew 2 et MARS Crew 5
Mise en page de la couverture : François Henry

Quai du commerce, 29
1000 Bruxelles

ISBN 2-8040-1773-7
D/2003/258/36

Vladimir Pletser
Candidat astronaute belge

EN AVANT, MARS !

Chronique de simulations martiennes

Collection La Noria

ÉDITIONS
LABOR

À Dimitri, Matt, Jack, Anton, Ben, Tom,
Eloïse, Lara, Romain, Victoire, Tigran, Niels,
la génération montante,
en espérant qu'ils suivent la voie martienne

Préface

Pour chaque astronaute ou cosmonaute, une mission vers Mars constitue la prochaine étape dans l'exploration de l'univers, le grand défi de demain.

Mars est une planète qui fascine les hommes depuis l'Antiquité. En fin de compte, c'est grâce à l'étude de l'orbite de Mars que Képler a pu déterminer les mouvements des planètes de notre système solaire. Selon moi, c'est le point de départ de ce que nous appelons vraiment la science. Tout ce qui constituait un véritable casse-tête pour de nombreux astronomes depuis si longtemps a pu être expliqué à l'aide de formules simples. À partir de ce moment-là, l'univers a continué à nous livrer systématiquement ses secrets et il s'est avéré que les nombreuses données disponibles s'assemblaient comme un puzzle.

Mars a continué à fasciner et la question de la vie extraterrestre s'est vite posée. Bon nombre d'astronomes pensaient voir, sur les images de Mars prises au télescope, des structures qui révélaient une vie intelligente sur Mars. Mais la planète Mars était trop éloignée pour confirmer ou réfuter ces hypothèses.

Nous avons dû attendre l'époque de l'astronautique pour pouvoir répondre à ces nombreuses questions. Nous avons alors obtenu les premières images de Mars grâce aux satellites Mariner. Nous avons ainsi reçu des images des tempêtes de sable sur Mars, mais aussi des images très détaillées du sol. Un premier robot a été envoyé sur Mars à la recherche d'une forme de vie, mais sans succès.

La question de la vie sur Mars est tout à fait fondamentale pour l'humanité. S'il y a ou s'il y a eu de la vie sur cette planète, sous quelque forme que ce soit, l'hypothèse d'une vie extraterrestre dans l'univers serait alors confirmée. Il s'agit d'une question essentielle que l'homme se pose actuellement. L'étude de la planète Mars s'impose donc de plus en plus. Elle peut nous apporter une réponse à cette question fondamentale.

Mais ne peut-on pas de nos jours effectuer cette recherche avec des systèmes automatiques, notamment avec des robots que nous pourrions diriger et commander depuis la Terre ? Nous pouvons bien sûr réaliser beaucoup de choses avec les robots, mais la flexibilité et la faculté d'adaptation du cerveau humain peuvent nous permettre d'apprendre tellement plus lors d'une mission que cela nous permettrait de conduire cette étude plus rapidement et de manière plus ciblée.

L'homme a toujours rêvé de faire cette découverte lui-même. Compte tenu des progrès de la technologie, on imaginerait donc difficilement qu'il renonce à découvrir cette planète lui-même – planète dont il rêve depuis tout éternité – au moment même où la technologie lui permettrait de réaliser un tel voyage.

Ce type de voyage n'est bien sûr pas une sinécure et doit être préparé très attentivement. Il faut tout d'abord envisager tous les problèmes techniques : sur base de la technologie actuelle, une mission vers Mars durerait de 2 à 3 ans. Sur le plan technique, cela pose déjà d'énormes problèmes, mais ceux-ci peuvent certainement être résolus. Il y a cependant aussi l'aspect humain : les hommes peuvent-ils résister à un tel voyage ? Serait-on en mesure de les faire atterrir sur Mars en toute sécurité, de les faire rester un certain temps et de les ramener sur Terre à nouveau en toute sécurité, à l'instar du voyage vers la Lune ? Quels sont les problèmes qui pourraient se poser ?

De nombreuses expériences et simulations ont déjà été réalisées ici sur Terre afin de tenter d'apporter une réponse à ces questions simples. C'est dans le cadre de cette problématique que la mission de simulation qui est décrite ici doit être considérée. Ces expériences sont avant tout réalisées pour permettre de mieux comprendre les aspects humains d'un tel voyage vers Mars. On tente de simuler sur Terre les conditions rigoureuses auxquelles les cosmonautes ou les astronautes devront faire face lors de leur voyage : l'isolement, la cohabitation dans une petite communauté, autant de problèmes quotidiens qu'il faut tenter de reproduire le plus fidèlement possible. En effet, ces simulations s'apparentent parfois à un jeu. Pourtant, elles peuvent nous apprendre beaucoup et nous permettre éventuellement d'éviter des erreurs élémentaires et ainsi, par la suite, de sauver la vie de voyageurs vers Mars ou, en tout cas, de ne pas la mettre en danger. Ces simulations sont non seulement utiles, mais aussi tout à fait indispensables.

Selon moi, la personne la plus passionnée par l'astronautique est Vladimir Pletser. Je connais Vladimir depuis longtemps. Toute sa carrière et même toute sa vie sont consacrées à l'astronautique. Vladimir a participé à toutes sortes d'expériences dans le domaine spatial. Il est même responsable du programme qui simule la microgravité à l'aide de vols paraboliques. Vladimir est la personne idéale pour réaliser ces expériences. Il a l'expérience et l'intelligence nécessaires pour exposer les facettes de cette simulation, qui seront capitales à l'avenir pour l'exploration à proprement parler.

Vladimir a mené toute sa carrière avec succès dans le cadre du programme spatial européen. Il a participé à presque tous les aspects de ce programme, à l'exception d'un véritable vol spatial. Cela n'a rien à voir avec lui, car son dévouement est aussi remarquable que ses capacités. Le hasard ne l'a cependant encore jamais favorisé. J'espère de tout cœur qu'il pourra un jour aussi vivre cette aventure.

Dirk Frimout

Préambule

Comme mon nom ne l'indique pas, je suis belge de naissance et européen de cœur. Je voudrais vous parler dans ces quelques pages de ma passion, la passion pour l'espace et pour l'exploration planétaire. Depuis tout jeune, je n'ai pas arrêté de rêver, de penser et de réfléchir à l'espace, à la conquête spatiale et à la conquête de nouvelles planètes. Tout logiquement, j'ai orienté mes études et ma carrière vers ces domaines.

J'ai collectionné plusieurs diplômes. Dans l'ordre : ingénieur civil en mécanique avec une spécialisation en systèmes et dynamique, une licence spéciale en physique avec une spécialisation en géophysique, et un doctorat en sciences physiques, spécialité « astronomie et astrophysique ». Mais rassurez-vous, je ne suis pas une grosse tête et si ce préambule vous rebute, eh bien, sautez-le et attaquez directement l'aventure quelques pages plus loin.

Ma carrière spatiale a réellement commencé en 1985 lorsque je suis entré à l'Agence spatiale européenne, mieux connue sous son sigle anglais ESA, pour *European Space Agency*, parfois encore désignée comme la Nasa européenne. En fait, je travaille comme physicien-ingénieur à la Division des projets de microgravité au Centre européen de recherche et de technologie spatiale (désigné sous son sigle anglais : Estec) situé à Noordwijk, aux Pays-Bas.

Je m'occupe de deux programmes : premièrement, le développement d'instruments pour la recherche physique en impesanteur (encore parfois appelée microgravité). À ce titre, j'ai participé depuis le sol à plusieurs missions spatiales sur Spacelab et sur la station Mir. Deuxièmement, je suis responsable des vols paraboliques, qui sont des vols spéciaux que l'on fait à bord d'avions-laboratoires qui décrivent des trajectoires en forme de paraboles ou de bosses de chameau et aux cours desquels on recrée pendant une vingtaine de secondes les conditions d'impesanteur. J'ai ainsi effectué à ce jour plus de 3 400 paraboles, ce qui équivaut à près de 19 heures cumulées d'apesanteur, ou plus de douze orbites terrestres et demie, par tranches de vingt secondes.

J'ai également eu la chance de participer à la sélection des candidats astronautes en Belgique en 1991 et ai été sélectionné comme candidat spécialiste de laboratoire avec trois autres candidats et un autre candidat pilote.

L'espace, je connais donc un petit peu. Mais je n'y suis pas encore allé. Bien que cela soit presque arrivé il y a quelques années. Mais ceci est une histoire que je vous raconterai une autre fois.

J'ai eu aussi la chance et l'honneur d'être sélectionné pour participer à deux campagnes internationales de simulation de missions martiennes habitées : la première en 2001 dans le Grand Nord canadien, au-delà du cercle polaire ; la seconde au printemps 2002 dans le désert de l'Utah, aux États-Unis. J'ai tenu lors de ces deux campagnes un journal de bord où je notais mes réflexions, les expériences que nous faisions en expéditions extra-véhiculaires, les actions de l'équipage et autres faits et gestes de la vie quotidienne de ces deux campagnes. Ce sont ces deux journaux de bord que je vous livre ici avec quelques commentaires et explications.

J'espère que vous prendrez quelque plaisir à lire ces pages et que cela vous rapprochera en pensée de la planète Mars, la prochaine étape de l'évolution humaine. Bonne lecture.

Introduction

Mars n'est pas loin. C'est la quatrième planète du système solaire, la voisine de la planète Terre. Mars n'est pas loin à l'échelle astronomique. Prenons quelques points de repère. La Terre tourne autour du Soleil à une distance d'à peu près 150 millions de kilomètres, une paille à l'échelle de l'Univers et même à l'échelle de notre système solaire. Malgré tout, cette paille, la lumière prend huit minutes pour la parcourir à raison de trois cent mille kilomètres à la seconde. La lumière qui a quitté le Soleil quand vous avez ouvert ce livre vous arrive seulement maintenant (enfin, ça dépend si vous lisez vite ou pas, ou si vous avez reposé le livre après les premières lignes du préambule ; mais bon, ne tergiversons pas). Cette distance moyenne de 150 millions de kilomètres, prenons-la comme unité et appelons-la l'« unité astronomique », comme le font les astronomes.

Mars tourne aussi autour du Soleil, dans le même sens mais un peu plus loin, à peine une demi-fois plus loin que la Terre, en moyenne, à une unité astronomique et demie du Soleil. Mars est donc plus proche de nous à certains moments que le Soleil. Mars est en fait une des quatre planètes qu'on appelle « telluriques », c'est-à-dire qui ressemblent à la Terre. Les deux autres sont Mercure (très proche du Soleil, il y fait trop chaud pour que Mercure ait une atmosphère) et Vénus (deuxième planète en comptant à partir du Soleil, il y fait très chaud également, plus de 400°C en moyenne à cause de l'effet de serre qui y règne).

Pour fixer les idées, voici quelques points de comparaison entre la Terre et Mars.

Mars est plus petite que la Terre et on y pèse moins. Le diamètre de Mars est d'un peu moins de 6 800 km alors que celui de la Terre est d'un peu moins de 12 800 km. La masse totale de Mars est d'un peu plus d'un dixième de la masse de la Terre. La pesanteur moyenne à la surface de Mars vaut 38% de la pesanteur terrestre, c'est-à-dire que si vous pesez 70 kg sur Terre, vous ne pèseriez que 26,6 kg sur Mars.

Le Soleil se lève et se couche aussi tous les jours sur Mars. Une journée martienne est plus longue d'à peine 40 minutes qu'une journée sur Terre. Par contre l'année martienne est d'un an et 321 jours, près de deux années terrestres.

Il fait généralement plus froid sur Mars. La température moyenne sur Terre est de l'ordre de + 25°C, alors que sur Mars elle n'est que de - 23°C en moyenne, mais, comme sur Terre, la température change entre la nuit et le jour et varie de l'équateur aux pôles. Sur Mars, la température à l'équateur peut varier de + 25°C à midi à - 80°C pendant la nuit, et la température aux pôles peut dégringoler à - 120°C.

La Terre possède une atmosphère d'oxygène et d'azote à une pression moyenne d'un bar. Mars a également une atmosphère, mais composée principalement de dioxyde de carbone (donc irrespirable) à une pression moyenne de 7 ou 8 millibars.

La Terre a un champ magnétique qui nous protège des rayonnements solaires et cosmiques. Mars possède également un champ magnétique, mais extrêmement faible (un demi-million de fois plus faible que celui de la Terre) et les scientifiques se demandent si ce champ est simplement un souvenir d'une activité géologique passée ou s'il est encore animé par un noyau liquide.

Voilà quelques points de comparaison intéressants qui montrent bien que Mars est semblable à notre Terre par certains aspects et fort différentes sur d'autres points.

Mais Mars est bien notre voisine. Et comme l'humanité est en bons termes avec ses voisins, eh bien il paraît logique d'aller lui rendre visite de temps à autre. C'est bien ce que nous faisons de temps en temps depuis près de quarante ans, puisque la première sonde terrestre à avoir visité Mars a été lancée en novembre 1964 et l'a survolée en juillet 1965.

Alors pourquoi cet intérêt pour notre planète voisine ? Pourquoi vouloir absolument y aller ? Pourquoi vouloir envoyer une expédition habitée ? C'est une question simple et complexe à la fois et les réponses sont multiples, tellement multiples que chacun peut y trouver sa propre raison.

Commençons par l'aspect simple. De tout temps, l'être humain a rêvé de s'envoler et de quitter la surface de la Terre. Du temps de la Grèce ancienne, Icare s'y est essayé en se collant des ailes sur les bras à l'aide de cire. Mal lui en prit : suivant la légende, il se serait élevé trop haut et la chaleur du soleil aurait fait fondre la cire ; il serait alors tombé dans la mer qui porte son nom aujourd'hui. Passons quelques siècles et plusieurs tentatives légendaires, humoristiques ou sérieuses, pour en arriver à l'aube du XXe siècle. Un savant russe du nom de Tsiolkovsky, ayant écrit plusieurs textes sur les voyages spatiaux, a eu ces mots très profonds : « La Terre est le berceau de l'humanité. Mais, personne ne reste jamais longtemps au berceau ! »

Et c'est exact : c'est le même élan, la même soif de découverte, le même besoin d'aventure et de rêve mais aussi parfois les réalités économiques et politiques qui ont poussé Christophe Colomb à naviguer vers l'ouest, Charles Lindbergh à traverser l'Atlantique à bord d'un « plus-lourd-que-l'air », Werner von Braun à fabriquer des fusées pour quitter la surface de la Terre, les astronautes et cosmonautes américains et russes à conquérir l'espace autour de la Terre et puis la Lune. La liste est longue, bien sûr, de tous ces rêveurs qui se trouvaient des justifications pour aller plus loin, plus haut voir ce qui s'y passe. C'est ce besoin inné chez l'être humain qui le pousse à se dépasser et à découvrir de nouveaux horizons et de nouveaux espaces. Et voilà la première réponse, toute simple : pourquoi veut-on aller sur Mars ? Parce que Mars est là, tout simplement, et parce qu'on n'y est pas encore allé, si ce n'est par sondes et instruments automatiques interposés.

Une seconde réponse ? Eh bien, les scientifiques – dont je suis – vous répondront : pour explorer, pour essayer de comprendre les similitudes et les différences avec notre planète. Essayer de savoir comment une autre planète est faite pour mieux comprendre la nôtre. Et c'est également une bonne raison. Car la science avance aussi parfois à pas de géant grâce à des programmes ambitieux de recherche et d'exploration. Mais faut-il que ces programmes soient habités ? Faut-il réellement envoyer des hommes et des femmes sur d'autres planètes pour pouvoir étudier ces dernières ? Ne peut-on faire mieux et moins cher avec de bons télescopes et avec des missions automatiques comme on l'a fait jusqu'à présent ? Ah, çà, c'est un vieux débat : l'être humain ou la machine ? La machine coûte moins cher, il ne faut pas la nourrir, la chauffer, lui assurer un environnement pressurisé et respirable, et éventuellement la ramener sur Terre. Oui mais, vous répondront les partisans des vols habités, la machine ne pourra faire que ce pour quoi elle a été construite et programmée, et rien d'autre. Une machine ne sera jamais intelligente comme un être humain qui, lui, peut s'adapter à des situations imprévues et prendre des décisions sur place, *in situ*. Oui, c'est un vieux débat, et personne n'a tout à fait tort ni tout à fait raison. En réalité, les deux sont complémentaires : il y a des tâches qui sont parfaitement et beaucoup mieux conduites par des machines, et d'autres tâches qui ne peuvent être réalisées par celles-ci, et donc l'intelligence qui a construit ces machines doit également être sur place. Donc, deuxième réponse : pourquoi aller sur Mars ? Pour la science, pour l'exploration.

Mais il y a encore plus que ça, beaucoup plus que ça. Mars est un nouveau territoire, une nouvelle planète, inhabitée. Enfin on le pense encore aujourd'hui. S'il y a de la vie, elle ne serait pas sous la forme de petits Martiens tout verts (on le saurait déjà, s'ils étaient là), mais peut-être de quelques bactéries ou d'autres formes de vie primitive. Je reviendrai sur cette question. Non, ce que je veux dire, c'est que Mars est un endroit où l'être humain peut explorer un nouvel environnement, l'étudier et, tout en le respectant, éventuellement s'y installer définitivement et y fonder de nouvelles colonies. C'est exact : comme les premiers colons européens ont découvert le continent américain et s'y sont installés. Mais à l'inverse de ce qui s'est passé il y a quelques siècles sur Terre, l'humanité doit pouvoir tirer les leçons de l'histoire et respecter ce nouvel environnement et toute forme de vie qui y serait découverte. Mais on n'y est pas encore. Ceci est un but à très long terme. Il faudra encore quelques dizaines d'années, voire quelques siècles, avant de voir une première colonie terrestre sur Mars. Mais voilà une troisième réponse à la question : pourquoi aller sur Mars ? Pour s'y installer, pour fonder de nouvelles colonies terriennes sur une nouvelle planète. Pour éventuellement essaimer dans le système solaire et, beaucoup plus tard, le reste de la galaxie. Mais voilà des buts ambitieux, et à très long terme.

D'autres raisons ? Je vous laisse y réfléchir. Vous en trouverez chacun au moins une, personnelle ou pas, pour ou contre, positive ou négative, optimiste ou pessimiste. Et, liées à ces raisons, d'autres questions, d'ordre politique, philosophique, économique. Par exemple, est-ce que l'humanité a le droit de s'approprier une nouvelle planète, de l'occuper, de l'exploiter ? Suivant quelles modalités, quels droits et devoirs, dans quel ordre ? Que devrait faire l'humanité si une forme de vie primitive était découverte sur Mars ? Voilà, parmi beaucoup d'autres, des questions qui sont débattues par les tenants et opposants de la conquête spatiale lors des conférences et réunions internationales.

Pratiquement, comment faire ? En réponse à l'appel lancé à la fin des années 80 par le président américain Georges Bush (le père du président actuel) pour un programme d'exploration planétaire habité, la Nasa a proposé un plan impressionnant de construction d'un immense vaiseau qui emporterait vers Mars un équipage humain avec tout ce dont il aurait besoin pour le voyage aller et retour et pour le séjour sur Mars. Ce plan coûterait des trilliards de dollars, une somme colossale avec un nombre impressionnant de zéros. Parfaitement irréalisable et impossible à financer. En réaction, un groupe d'ingénieurs et de scientifiques, certains travaillant à la Nasa à l'époque, ont fondé la *Mars Society*, la « Société martienne », et ont proposé un contre-plan que je ne vais pas vous exposer ici. Ce serait trop long et ce n'est pas le sujet de ce livre ; je vous invite plutôt à lire les deux livres écrits par Robert Zubrin, le fondateur de la *Mars Society*, qui explique très simplement pourquoi cette idée de la Nasa est irréalisable. Par contre, le plan proposé par le Dr Zubrin et par la *Mars Society* est basé sur le principe de « voyager léger et vivre du sol » (cela sonne mieux en anglais : *travel light and live from the land*). En deux mots, il s'agit d'envoyer d'abord un vaisseau automatique qui se poserait sur Mars et qui serait le vaisseau de retour d'un futur premier équipage. Une unité automatique de ce premier vaisseau commencerait à produire de l'énergie sous forme de méthane par réaction chimique du dioxyde de carbone de l'atmosphère martienne (rassurez-vous, je ne vais pas vous assommer de détails). Ensuite, envoyer un équipage de quatre, cinq ou six personnes dans un vaisseau spatial, croisement d'une capsule Apollo et d'un module habitable qui atterrirait près du premier vaisseau. Le voyage aller durerait à peu près six mois, l'équipage resterait sur Mars un an ou un peu plus et reviendrait avec le premier vaisseau pour un voyage de retour également d'à peu près six mois. Ensuite un second équipage pourrait être envoyé, et ainsi de suite. Pour les détails, je vous renvoie aux livres du Dr Zubrin.

Tout ceci pour vous dire qu'un voyage habité vers Mars est faisable et déjà réalisable aujourd'hui avec la technologie et les connaissances que nous possédons. Bien sûr, il reste encore des détails à régler et encore beaucoup de choses à mettre au point. Mais, Mars est aujourd'hui à notre portée, à la portée de notre technologie. Nous en savons aujourd'hui beaucoup plus sur Mars que ce que l'humanité connaissait de la Lune quand les premiers astronautes américains y ont débarqué en 1969, moins de dix ans après l'appel du président John Kennedy.

Mais revenons à la *Mars Society*. Cette « Société martienne » est une organisation internationale, un groupe de gens enthousiastes, comprenant des scientifiques, des ingénieurs mais aussi des gens qui ne sont ni l'un ni l'autre mais simplement des passionnés et des fanatiques de l'espace et de l'exploration spatiale et planétaire. La *Mars Society* est une organisation privée, fonctionnant sur fonds propres, sans support gouvernemental. La *Mars Society* était initialement installée aux États-Unis, mais il existe maintenant des chapitres, ou des organisations succursales un peu partout dans le monde, au Canada, en Australie, au Japon et en Europe bien sûr : en France, en Allemagne, en Angleterre, aux Pays-Bas, et depuis près d'un an en Belgique. N'importe qui peut en faire partie, il vous en coûtera seulement quelques dizaines d'euros pour devenir membre. Le but de la *Mars Society* est de promouvoir l'idée de missions habitées d'exploration de la planète Mars par trois types d'action : premièrement, des activités d'éducation et de sensibilisation du public par des conférences, des événements publics, des débats ; deuxièmement, des actions de lobbying auprès des agences spatiales internationales et des instances politiques des différentes nations concernées ; et troisièmement, des actions plus techniques pour démontrer la faisabilité de ce genre de missions et pour étudier certains problèmes pratiques, opérationnels et psychologiques de la vie d'un équipage martien parti pour plusieurs années. La *Mars Society* a ainsi installé un habitat martien, une sorte de module servant de base habitée, installé dans un endroit difficile d'accès et répondant à des conditions d'environnement extrême, ce qu'on appelle un analogue martien sur Terre, c'est-à-dire un endroit sur la Terre qui ressemblerait par certains aspects à ce qu'on pourrait trouver sur Mars comme conditions climatiques, géologiques et éventuellement biologiques.

J'ai eu la chance de participer à deux de ces campagnes de simulation de mission martienne. J'y ai beaucoup appris et ai pu contribuer un tant soit peu, je pense, à préparer une première mission habitée vers Mars dans quelques années.

Il y a encore une raison capitale pour l'être humain à entreprendre un voyage vers notre planète voisine, sans doute la raison la plus importante. C'est tout simplement le rêve. Oui, le besoin de rêver et d'imaginer. Celui de l'enfant qui est encore en nous, à tout âge.

Je vous invite à partager ce rêve, tout simplement.

PREMIÈRE PARTIE
L'ARCTIQUE

Avant

J'ai trouvé un beau jour de décembre 2000, un article dans *Space News* sur Robert Zubrin et la *Mars Society* relatant la construction du premier module martien venant d'être achevée à l'été 2000 sur l'île de Devon, une île déserte du Grand Nord canadien, bien au-delà du cercle polaire. Cet article annonçait également le début d'une série de campagnes internationales de simulation de mission martienne qui serait conduite dans un habitat ressemblant à une base habitable qui serait déposée sur la planète Mars d'ici quelques années. La *Mars Society* organisait cet été 2001 une première campagne internationale de simulation d'une mission martienne. Le but de cette simulation était de montrer la faisabilité technique, scientifique et opérationnelle d'une mission habitée martienne. La *Mars Society* cherchait des volontaires pour participer à ces campagnes.

Je me souviens ainsi du titre : *Volunteers needed, no pay, eternal glory* (Des volontaires sont demandés, pas de salaire, rien que la gloire éternelle). Le titre m'a plu et l'activité décrite m'a enthousiasmé. Je suis allé visiter le site web renseigné et cela a achevé de me convaincre. Voilà quelque chose que je devais essayer.

L'annonce sur le site web donnait un peu plus de détails. Six équipages de six personnes chacun occuperaient cet habitat à tour de rôle pendant des rotations de dix jours, afin de conduire des expériences scientifiques en géologie, géophysique, biologie et psychologie de groupe. L'accent était mis sur l'aspect opérationnel de cette simulation puisque les martionautes se déplaceraient en scaphandre à l'extérieur de l'habitat, qu'ils sortiraient par un sas de décompression en suivant un protocole strict et qu'ils seraient en liaison radio avec un centre de contrôle avec un délai d'une trentaine de minutes, comme pour une réelle mission martienne.

Il fallait être en bonne santé et avoir une expérience de la vie en plein air et des opérations de terrain, si possible dans des environnements extrêmes, ce que j'ai de par mes activités professionnelles en pesanteur zéro pendant les vols paraboliques et mes loisirs privés – je suis plongeur confirmé, pilote privé en aviation et j'ai fait un peu de parachutisme.

Il fallait en plus avoir une expérience de vie et de travail en milieu multiculturel et international, et il fallait parler l'anglais : pas de problème, travaillant à l'ESA qui regroupe quinze nationalités différentes, l'anglais est ma langue de travail.

Il fallait avoir une certaine expérience de la communication pour pouvoir relater et expliquer les buts et activités de ce type de simulation : pas de problème là non plus, je publie régulièrement des articles techniques et scientifiques et je donne régulièrement des conférences pour le grand public et dans les écoles sur l'espace et la recherche spatiale.

Il fallait de préférence proposer une expérience à réaliser pendant la campagne de simulation : possible également, mais il fallait que j'y réfléchisse.

Et finalement, il fallait fournir trois noms de personnes qui pourraient attester la qualité du candidat. J'ai directement pensé au professeur Pâquet, directeur de l'Observatoire royal de Belgique à Uccle et mon promoteur de thèse de doctorat ; au Dr Véronique Dehant avec qui j'avais terminé ma licence spéciale en physique, qui travaille à l'Observatoire d'Uccle et qui est une des scientifiques responsables d'expériences automatiques qui s'envoleront vers Mars en 2007 sur la mission franco-américaine Netlander ; et finalement à mon ami Jean-François Clervoy, astronaute à l'ESA, avec qui nous avions démarré le programme de vols paraboliques sur la Caravelle du CNES à la fin des années 80.

En discutant avec Véronique de quelques idées d'expérience à réaliser par un premier équipage sur Mars, elle m'a d'abord proposé de prendre les poussières sur les panneaux solaires. C'est vrai que des panneaux solaires installés à la surface de Mars souffriront beaucoup des tempêtes de poussières pouvant durer plusieurs jours ou mêmes semaines, et que les astronautes devront les nettoyer de temps en temps. Mais je lui ai répondu qu'il m'arrivait déjà de faire le ménage à la maison et qu'en plus ça me faisait trop penser à l'histoire du singe et de l'astronaute. Lors d'une des premières missions spatiales, un singe et un astronaute sont envoyés ensemble avec des plans de travail bien établis et contenus dans des enveloppes séparées. Arrivé en orbite, le singe ouvre son enveloppe, lit les instructions et commence à pousser sur des boutons, à allumer des appareils clignotants, à corriger la trajectoire, à introduire des échantillons dans des instruments, à faire un tas de choses très compliquées. L'astronaute regarde sa montre et voit qu'il est temps pour lui d'ouvrir son enveloppe. Il lit : ouvrir la boîte du garde-manger, prendre la banane, peler la banane, donner la banane au singe...

Bon, il nous fallait donc quelque chose d'un peu plus évolué, qui fasse intervenir l'être humain dans le processus scientifique de décision. Véronique m'a alors mis en contact avec un de ses collègues, le Dr Philippe Lognonné de l'Institut de Physique du Globe de l'Université de Paris VI, et qui est également responsable d'une expérience géophysique de sismologie qui volera sur la mission Netlander. Il a proposé immédiatement une idée qui nous a semblé à tous excellente : conduire une expérience de sismologie pour détecter des poches d'eau souterraines sur Mars.

J'ai donc envoyé une lettre de candidature contenant les informations requises et cette proposition d'expérience.

J'ai appris bien après, en discutant avec les personnes de la *Mars Society* que j'ai pu rencontrer, que 250 scientifiques, ingénieurs et spécialistes du spatial à travers le monde avaient répondu à cette annonce et que la sélection fut difficile, sévère et très stricte. Seuls dix candidats furent retenus, dont trois européens. J'avais été retenu pour participer à la seconde rotation, du 8 au 17 juillet 2001. Et notre expérience franco-belge de géophysique avait éte acceptée par le comité scientifique de la *Mars Society*.

Tout donc allait bien. Mais il fallait encore tout préparer. De nouveau, j'ai contacté Philippe Lognonné et il m'a offert très gentiment de fournir le matériel nécessaire pour cette expérience. De plus, il m'a proposé de me donner l'entraînement spécifique pour conduire cette expérience en m'invitant à passer deux jours au Centre de géophysique de Garchy, en plein centre de la France, près de la Loire.

En parallèle, il fallait également m'équiper adéquatement pour cette expédition polaire. Le Dr Pascal Lee, du centre Ames de la Nasa et qui est également un des responsables de la *Mars Society*, m'a envoyé une longue liste de matériel obligatoire, fortement recommandé et souhaitable à emporter en Arctique. Par exemple : un sac de couchage polaire (obligatoire ! Eh oui, nous ferons du camping arctique dans ce désert polaire !), une chaude veste imperméable, des bottines de montagne, des sacs de transport, etc. On nous conseillait également de prévoir d'emballer toutes nos affaires personnelles individuellement dans des petits sacs plastiques à fermeture éclair ; je ne comprenais pas très bien pourquoi, mais j'ai compris par la suite. Essayez de garder au sec du linge dans un sac exposé à la neige et à la pluie sous les latitudes polaires et vous verrez.

Mais revenons à la préparation de notre expérience. Nous avons pris rendez-vous avec Philippe Lognonné pour un week-end du début juin 2001. Il est venu m'accueillir à la descente du train à Pouilly un dimanche après-midi. Il faisait une chaleur d'été et nous sommes partis nous asseoir sur une terrasse à siroter un petit vin blanc frais en discutant de l'exploration de Mars, de la mission Netlander et de nos expériences : passionnant. Ensuite, nous avons pris la route jusqu'à Garchy, à quelques kilomètres de là, pour passer la nuit au Centre de recherches géophysiques. Avant de nous coucher, Philippe m'a passé trois syllabus de respectivement un, deux et trois centimètres d'épaisseur en me disant : « Tiens, relis ça avant demain matin. Tu auras un cours sur ces sujets. » Vu qu'il était déjà minuit, j'avoue avoir parcouru ces syllabus en diagonale, et bien que les sujets fussent fort intéressants, j'ai dû m'endormir dessus. Le lendemain matin, j'ai fait la connaissance du Dr Michel Diament, un collègue de Philippe, qui enseigne ces matières aux étudiants à Paris et qui leur donne les séances pratiques sur le terrain. Michel me repasse en revue la théorie de propagation des ondes sismiques dans le sol, les ondes réfractées étant celles qui vont nous intéresser pour cette expérience. Heureusement, j'avais parcouru le tout la veille au soir, ce qui nous a permis de ne pas passer trop de temps sur la théorie et de nous concentrer sur l'aspect pratique de la « manip ». Nous promenant dans ce centre de recherches magnifiques, j'apprends qu'il sera fermé dans les prochaines années pour cause de restrictions budgétaires et de restructuration. Quel dommage ! Un centre si riche en possibilités de recherche et d'enseignement, pouvant accueillir et loger tellement de visiteurs et d'étudiants ! Au repas de midi, je rencontre tellement de gens, personnels technique, enseignant et administratif, qui voulaient rencontrer « l'astronaute qui partait sur Mars » et qui venaient me serrer la main. Quel accueil chaleureux et simple à la fois. Je garde de cette journée un excellent souvenir. Mais revenons au terrain d'expérience. Michel m'a montré ce qu'il fallait et ne fallait pas faire en déroulant les quelques centaines de mètres de câbles électriques et de collecte de données ; comment configurer l'ordinateur de terrain qui acquiert toutes les données, comment faire les premières analyses sur cet ordinateur, et puis également comment installer les capteurs sismiques et comment créer la secousse sismique, soit par un bon coup de massue sur une plaque posée sur le sol, soit par une détonation au fusil géophysique. Nous avions envisagé également d'utiliser des explosifs pour accroître la distance d'analyse dans le sous-sol, mais renseignements pris auprès de Pascal Lee, il est apparu que les lois en vigueur dans cette partie du Canada étaient extrêmement strictes sur l'importation et l'utilisation d'explosifs. Donc, nous en resterions à la massue et au fusil géophysique. Nous nous sommes mis d'accord avec Philippe et Michel : je rédigerais les procédures de montage, de conduite et de démontage de l'expérience et Michel les corrigerait si besoin était. Une excellente journée de travail comme je les aime : un travail d'apprentissage dense et sous le soleil. Philippe m'a ramené à Paris pour attraper un TGV le soir vers les Pays-Bas, comme je devais être au bureau le lendemain. C'était une période assez chargée également au bureau : je suis responsable du développement d'un instrument pour l'étude de la cristallisation des protéines qui devrait voler à bord de la Station spatiale internationale en 2004 et qu'il faudrait le délivrer à la mi-2003 pour être prêts à temps pour le lancement. Nous étions en plein milieu d'une revue de projet et le courrier électronique et par fax s'accumulait sur mon bureau. Je devais encore compléter ma liste de matériel à emporter et passais mes fins d'après-midi à courir les magasins de sport et d'expédition pour trouver les différents articles qui me manquaient encore.

Quelques jours plus tard, j'ai appris que Robert Zubrin et Chris McKay, un autre grand nom de l'exploration martienne à la Nasa, participeraient à une conférence à l'Université de Delft organisée par la *Mars Society* des Pays-Bas. Une occasion toute trouvée pour rencontrer Robert Zubrin en personne et pour discuter avec lui de notre simulation, comme il serait le commandant de notre équipage. Excellent orateur, Robert Zubrin arrive à vous captiver et à vous convaincre qu'il est temps de partir pour Mars, maintenant, tout de suite, ou demain au plus tard. Il arrive à vous prendre par la raison et par les sentiments et à vous présenter l'idée qu'un monde nouveau est là, quasiment à portée de main. Après sa conférence, nous avons passé quelques moments ensemble à discuter de notre simulation et de notre expérience. Il était emballé et a donné son accord pour partager les frais d'expédition du matériel, trois grosses caisses de 130 kg au total. Philippe Lognonné avait proposé de prendre en charge les frais de transport jusqu'à Ottawa au Canada, et Robert a accepté que la *Mars Society* couvre les frais de transport à l'intérieur du Canada, ce qui n'est pas rien. Si vous regardez sur une carte, vous verrez que la partie du voyage d'Ottawa à l'île de Devon est plus longue que le vol transatlantique Paris-Ottawa. Nous avons discuté également des modalités pratiques de la simulation et j'ai appris que *Discovery Channel*, une chaîne de télévision éducative fort populaire aux États-Unis, en Angleterre et dans le nord de l'Europe serait un des sponsors de cette première campagne internationale. Ils seraient donc présents sur place et filmeraient pratiquement toutes les opérations pour en faire plusieurs séries d'une heure qui seraient diffusées à l'automne aux États-Unis et au printemps 2002 en Europe.

Donc, tout avait l'air de se mettre en place pour cette campagne.

Il me fallait encore trouver un support médiatique en Belgique pour parler de cette campagne et de cette expérience franco-belge. J'ai donc contacté mon ami de longue date Christian Dubrulle du journal *Le Soir*, qui avait déjà volé avec nous en vols paraboliques. Il était intéressé par l'idée et nous a proposé de nous rencontrer avec Véronique Dehant à Bruxelles pour en discuter. Ce qui était une excellente idée car il est important de faire savoir au public que des chercheurs belges et français sont parmi les meilleurs au monde pour certains types de recherche en géophysique et qu'ils ont une expérience unique en géodésie et en sismologie terrestres et martiennes. Ce fut chose faite : Christian acceptait de publier quelques articles les jours où nous conduirions notre expérience. Je lui enverrais quotidiennement un compte rendu de nos activités, comme je le ferais également pour l'e-journal du site web de l'ESA. Je partirais avec deux caméras photo, une argentique et une digitale, gracieusement prêtées par le service photographique de l'Estec, qui me serviraient à illustrer notre expédition.

Ainsi, après avoir couru à gauche et à droite, tout était pratiquement prêt. Mais je me suis rendu compte quelques jours avant de partir que je n'avais pas eu le temps de me préparer mentalement et psychologiquement à cette campagne d'isolation. Serais-je capable de rester enfermé pendant dix jours sans sortir, si ce n'est couvert de la tête aux pieds d'un scaphandre de sortie extravéhiculaire ? Que se passerait-il si l'un des membres de l'équipage ne s'entendait pas avec les autres ? Comment le chef du groupe prendrait-il son rôle ? J'ai pu le rencontrer, et bien que ce soit un brillant esprit et un excellent orateur, était-il aussi un meneur d'hommes, un capitaine ? Pouvait-on réellement supporter de rester enfermé dix jours en rationnant l'eau ? Après y avoir bien réfléchi, j'ai supposé que oui, : des gens avaient survécu beaucoup plus longtemps avec moins, en traversant ou en étant perdus dans des déserts. Mais ici, il nous faudrait continuer de fonctionner, de travailler et de vivre en équipe. De toute façon, je m'étais déjà tellement investi dans la préparation de cette campagne et j'y avais impliqué tellement de monde qu'il fallait que ça marche et que ce soit un succès. Ces quelques moments de doute se sont rapidement dissipés et je me suis dit, selon mon habitude : après tout, fonçons, on verra bien.

Tout était là, tout était prêt pour que ça fonctionne, et donc il n'y avait pas de raison de s'arrêter maintenant. Néanmoins, j'étais malgré tout content de m'être posé ces questions, car cela prouvait que j'étais encore lucide et conscient des difficultés que cette aventure représentait. Il me restait encore quelques jours pour me préparer mentalement et pour me conditionner à devenir un martionaute quittant la civilisation pour partir à la conquête simulée de Mars en Arctique pour quelques semaines, sous le soleil de minuit. Plus que quelques fois dormir et je serais sur Mars en Arctique.

Pendant

Flashline Mars Arctic Research Station

Journal de bord

Note

Voici le journal de bord que j'ai tenu quotidiennement lors de mon voyage et de mon séjour sur l'île de Devon. De larges extraits ont été publiés sur le site web de l'ESA et quelques extraits ont été repris dans le journal Le Soir *de l'époque. Voici le texte dans son intégralité. Les dates sont indiquées et le jour J0 correspond au jour prévu d'entrée dans l'habitat martien.*

Mardi 3 juillet 2001, Jour J-5

Première journée du voyage. Une très longue journée. D'Amsterdam à Londres, et puis Edmonton sur AirCanada. Excellent vol et excellent service. J'ai mangé du saumon et savouré une bière canadienne. Superbe goût, la bière m'a rappelé la pureté et la fraîcheur de la *Coors* du Colorado que j'avais goûtée pour la première fois il y a quelques années lors d'une tournée de rugby avec un club bruxellois. Mais le goût n'a quand même rien à voir avec celui de nos bières belges.

Je vous écris depuis ma chambre d'hôtel à Edmonton. Je viens de lire le chapitre du *Rough Guide to Canada* (Guide approximatif du Canada) consacrés aux Territoires du Nord et au au Nunavut, et d'autres chapitres sur l'histoire et la géographie du Canada. Assez intéressant et instructif. Le plus bizarre est que l'endroit le plus au nord décrit comme étant accessible pour les gens spécialement entraînés et possédant un équipement approprié n'est encore nulle part par rapport à l'endroit où nous allons. Le guide s'arrête aux îles de Baffin et Victoria et nous nous rendons sur une île encore plus au nord pour attraper le dernier avion à partir d'un endroit qui s'appelle Resolute, avion qui nous emmènera finalement sur l'île de Devon. Resolute, si vous regardez sur une carte du Canada, vous verrez que c'est le point le plus au nord sur la carte.

Ainsi j'arriverais à Resolute vers deux heures du matin, le jour suivant, c'est-à-dire à sept heures du soir, heure européenne, l'heure à laquelle mon organisme est encore accoutumé. Non pas que je m'en fasse, j'ai toujours aimé les longues journées de voyage à la poursuite du soleil et de la lumière en volant vers l'ouest. En fait, le temps ne sera pas l'élément essentiel pendant ce voyage et cette campagne de simulation, puisque premièrement, dans le Grand Nord, ce sera le soleil de minuit tous les jours et deuxièmement, avec le *jet lag* et sans différence entre les jours et les nuits, à quoi sert de compter les heures comme nous le faisons sous nos latitudes ? Je pense que plusieurs des références que nous pensons être normales dans notre existence de tous les jours sous nos latitudes vont disparaître pendant les trois prochaines semaines, pour être remplacées par de nouvelles habitudes et contraintes.

Par exemple demain mercredi 4 juillet, je prendrai le prochain avion d'Edmonton à Yellowknife et puis vers Resolute. Le décollage est prévu à 21h05 pour arriver à Yellowknife à 22h50, pour redécoller à minuit quart pour finalement arriver à 03h36 à Resolute, sur le vol de First Air, une succursale d'AirCanada pour les vols intérieurs. Pouvez-vous imaginer sous nos latitudes des décollages et atterrissages à des heures pareilles ? Eh bien il semble que ce soit une routine parfaitement normale sous les cieux polaires ! Donc, à Rome, faisons comme les Romains.

Je suis néanmoins assez fatigué aujourd'hui après tout le stress et la course pour terminer le boulot normal à l'Estec, plus tout le boulot de préparation de cette expédition, et hier encore la course de Noordwijk à Bruxelles pour rencontrer quelques amis et journalistes pour parler de ce voyage et de cette campagne. Ce matin, je suis encore passé au bureau pour terminer quelques e-mails et pour prendre ma calculette codée pour accéder au service de courrier électronique à l'intérieur du bastion du *Fire Wall* de l'Estec. Mais bon, ne nous plaignons pas, c'était une intéressante et longue journée, comme toujours lorsqu'on s'embarque pour un vol transatlantique. J'arrête ici, j'ai envie de lire un peu avant de m'endormir. À demain.

Vladimir

Mercredi 4 juillet 2001, Jour J-4

Deuxième journée de voyage. Me voici dans le Grand Nord. Nous venons d'atterrir à Yellowknife, capitale de la province des Territoires du Nord-Ouest canadiens. Je suis assis dans ce petit aéroport, emmitouflé dans ma veste, en face d'un ours polaire qui me regarde fixement, résultat d'heures de travail d'un taxidermiste.

L'approche par avion au-dessus de Yellowknife était étrange et fantastique. Beaucoup d'espaces dégagés, beaucoup d'eau, une énorme baie, remplie de petites et de grandes îles rocheuses, et des pins et des rochers à perte de vue sur la terre ferme. Il est onze heures du soir et la température est de 15°C, ni trop chaud ni trop froid, mais avec l'air conditionné, cela paraît plus froid. Le vol était pas mal turbulent et assez secoué sur ce vieux boeing 727, mais personne n'était vraiment incommodé. Les autres passagers avaient tous l'air de bûcherons ou d'Indiens inuits rentrant à la maison. La première chose qui surprend en entrant dans l'aéroport est le nombre de personnes d'apparence asiatique, toutes inuits. Toutes les indications sont bilingues, oui comme en Belgique, mais en anglais et en inuit. La langue inuit sonne étrangement à l'oreille mais avec un charme exotique indéfinissable. L'écriture ressemble d'une certaine manière à l'ancien runique des Lapons de Scandinavie. J'imagine qu'il doit y avoir des racines communes.

Notre avion, qui continue vers Resolute, est prévu à minuit et quart, mais nous avons été prévenus avant de quitter Edmonton qu'en raison de la mauvaise météo – le brouillard apparemment –, et bien que le vol soit maintenu et que les pilotes tenteraient un atterrissage à Resolute, au cas où ils n'y arriveraient pas, l'avion ferait demi-tour et reviendrait à Yellowknife. Comme le décollage est prévu à minuit quart et l'atterrissage à Resolute à 03h35, et en supposant que les pilotes décident de faire demi-tour, on atterrirait à cinq heures et demi du matin à Yellowknife. Sympa de passer la nuit à faire l'aller-retour jusqu'au cercle polaire pour revenir au point de départ... Je ne pense pas que beaucoup de passagers apprécieraient, surtout que nous nous sommes fait signifier qu'après, nous serions livrés à nous-mêmes puisque la compagnie First Air n'assume aucune responsabilité en cas de mauvais temps. On verra bien.

À part ça, j'ai passé une journée intéressante et relax. Ce matin, après un breakfast à l'américaine, j'ai pu connecter mon ordinateur et répondre à mon courrier électronique à l'Estec et envoyer quelques e-mails. Dans l'après-midi, j'ai été visiter le *Shopping Mall* de West-Edmonton. Beaucoup de superlatifs seraient nécessaires pour décrire ce *shopping center* comme on n'en rencontre que sur le continent américain. Le plus grand *mall* au monde, avec le plus grand parking au monde, une pièce d'eau immense à côté d'un delphinarium, contenant une réplique grandeur nature de la *Santa Maria*, un des trois bateaux de Christophe Colomb, un stade de glace où se tenait une compétition de hockey sur glace, une piscine avec une machine à vagues et des toboggans, une immense foire couverte avec des montagnes russes (j'y suis passé deux fois bien sûr ; très rapide mais trop court), trois complexes de cinéma (chacun style Kinepolis), un nombre incalculable de restaurants, de bars et de magasins, etc. J'ai été voir *Crocodile Dundee* 3 (pas aussi bien que les versions 1 et 2, mais quand même bien marrant, avec une nouvelle version du hit d'il y a 20 ans de *Men at Work*).

Quoiqu'ayant bien dormi la nuit passée, j'ai encore des creux où la fatigue me prend par surprise et où mes paupières baissent les volets automatiquement. Je suppose que c'est normal comme il est près de minuit moins vingt, heure locale, le mercredi soir, ce qui fait sept heures moins vingt du jeudi matin, heure européenne, et que j'ai encore quasiment toute une nuit de voyage. Et pourtant, il fait encore clair dehors comme si c'était la fin de l'après-midi ou un début de soirée en Europe ; pas encore le soleil de minuit mais pas loin.

Je suis assailli par une nuée de moustiques, même à l'intérieur de l'aéroport avec l'air conditionné. Malgré les différentes listes de matériel à emporter pour aller près du pôle Nord, j'ai oublié de prendre de la crème antimoustique. On m'a dit qu'ils pouvaient être très voraces sous ces latitudes nordiques pendant le court été. C'est apparemment une des raisons qui poussent les élans (ou orignaux en français du Canada) et caribous à migrer vers le nord quand le temps se réchauffe.

On appelle notre vol. Je ferais mieux de me dépêcher. Je vous laisse.

Vladimir

Jeudi 5 juillet 2001, Jour J-3

Enfin arrivé à Resolute. Le vol de la nuit dernière s'est passé la moitié du temps dans les nuages (et c'était assez secoué...) et pour l'autre moitié dans un ciel bleu parfait. La vue était fantastique, des mers et des lacs gelés, des surfaces de sols et de rochers secs, pas d'arbres ni de végétation, de petites étendues d'eau comme des cicatrices dans le sol, toutes dans la même direction. Et finalement, venant de la baie gelée du sud, nous sommes arrivés à Resolute, peuplé de 230 habitants et quelques chiens, la seconde communauté la plus au nord. Cet endroit est signalé sur les cartes comme un point relativement gros, mais quand vous le voyez de vos yeux, eh bien c'est très différent ! Nous avons atterri sur une piste de rocs et cailloux, pas de tarmac ou de béton. L'aéroport est simplement un building, une seule grande pièce, où tout le monde se retrouve et s'embrasse. J'ai fait la connaissance de plusieurs personnes, certaines d'entre elles étant à bord du même avion. Comme souvent dans les petites communautés reculées des endroits inaccessibles, tout le monde se connaît et tout le monde se salue, se parle, se souhaite la bienvenue et une bonne journée. Ce qui rend ces gens éminemment sympathique puisque la journée polaire dure plusieurs mois... J'ai rencontré Colleen Lenahan de la Nasa qui s'occupe du support logistique au projet Nasa-HMP (*Haughton Mars Project*). Ce projet portant le nom du cratère où nous nous rendons sur l'île de Devon, est un projet de la Nasa qui est conduit en parallèle au projet de la *Mars Society*. J'ai rencontré Aziz Kheraj, un « jeune » homme sympathique aux origines multiples. Venant de Tanzanie et d'origine indienne, Aziz habite à Resolute depuis 20 ou 25 ans. Aziz, marié à une charmante dame inuit, père d'une nombreuse famille et grand-père un nombre (presque) incalculable de fois, est un monsieur étonnant. Il est le propriétaire de l'unique hôtel digne de ce nom à Resolute et de plusieurs autres business. C'est l'homme à qui parler si vous avez des problèmes à Resolute : il connaît tout le monde non seulement à Resolute mais dans les autres villages « environnants » (c'est-à-dire à plusieurs centaines de kilomètres...) et il arrive toujours à résoudre les problèmes. Parmi les autres passagers du vol, un certain Andy, un soudeur de profession venant du Newfoundland qui est tombé amoureux de l'Arctique (j'ai compris rapidement pourquoi) ; Joe, un ingénieur qui part travailler sur une centrale électrique quelque part dans le Grand Nord pour une nouvelle station météorologique avancée (pas plus de détails là-dessus ; il est assez bavard en général, mais pas sur ce sujet ; c'est vrai qu'il y a quelques militaires dans le coin et que ce genre de station ne se trouve pas sur les cartes civiles...).

Le temps est génial. Un ciel bleu azur et un soleil brillant, et bien sûr ceci en plein milieu de la nuit puisqu'il est trois heures et demie du matin, temps du Canada central, une heure en plus qu'à Edmonton. Nous embarquons tous les bagages dans le van d'Aziz et nous voilà partis sur une piste cahotante vers le village. Aucune route en bitume non plus, rien que de la caillasse. Après un bol de soupe à l'hôtel d'Aziz et quelques discussions, il est temps d'aller se coucher. J'ai somnolé un peu dans l'avion mais, bien que je sente la fatigue, je n'ai pas envie de me coucher, comme si une nouvelle énergie m'animait, sans doute le soleil éclatant au-dehors. Je suis parti me promener dans le village et jusqu'à la baie pour toucher la mer de glace. Assez paradoxalement, il fait très sec : l'air et le sol donnent une impression de sécheresse, démentie par la glace au loin. Aucune végétation en vue, rien, pas un arbuste, pas un buisson, pas un brin d'herbe, pas un oiseau, un univers désert et caillouteux. Ah si ! quand même, deux petites fleurs jaunes entre quelques cailloux sur le chemin. Les quelques maisons en bois sont toutes bâties sur pilotis et on peut encore voir des poches de glace en dessous. Cela me rappelle la communauté de Svalbard sur l'île de Spitzberg où je suis passé il y a quelques années. Quelques enfants jouent en vélo avec un chien. Étonnant, il est près de quatre heures du matin et le soleil est haut, presque au zénith. Je suis arrivé au bord de la baie et la mer n'est pas tout à fait gelée, il y a un bon mètre du bord à la glace à part quelques gros glaçons flottants. Je prend mon élan et hop ! quelques enjambées et je suis sur la glace, d'une couleur bleu verdâtre. Les habitants du coin racontent que jusqu'il y a quelques années, la mer était constamment gelée et que la glace arrivait jusqu'au bord de la baie. Maintenant la glace fond au bord et la partie gelée recule d'année en année. Faut-il y voir un effet du réchauffement de la planète ? Peut-être...

Finalement, je suis revenu chez Aziz et me suis mis au lit. J'ai dormi comme un bloc pendant six heures d'affilée. Quel plaisir !

Au réveil, la météo a changé du tout au tout. Le ciel est gris et il pleut. J'ai raté le petit déjeuner bien sûr, mais c'est sans importance, puisque le dîner est dans quelques minutes. Dans ces endroits où le temps qui passe n'est pas rythmé par le lever et le coucher du soleil, les seuls moments clés qui permettent de se repérer dans une période de 24 heures (j'hésite à employer le mot « journée ») constamment ensoleillée sont les repas, préparés et servis à heures fixes. Pour les petites faims en dehors de ces heures, il y a toujours et de toute façon un pot de soupe chaude au poulet et une montagne de sandwichs renouvelée tous les jours. Le cuistot s'appelle Nick, un Anglais qui passe six mois par an à Resolute et les six autres mois dans l'Ouest canadien. Je rencontre quelques autres personnes qui séjournent également à l'hôtel en attendant de pouvoir repartir vers d'autres destinations polaires. Il y a là une demi-équipe de *Discovery Channel.* Apparemment, toute l'équipe de *Discovery* est arrivée il y a douze jours et ils sont restés bloqués à cause du mauvais temps sur Resolute et sur l'île de Devon. La météo des dernières semaines était exécrable et très pluvieuse, rendant la piste très boueuse et impraticable pour l'avion sur l'île de Devon. Une partie de l'équipe de *Discovery* a pu être transférée en avion sur l'île de Devon il y a deux jours, mais le temps s'étant de nouveau dégradé, l'autre partie est restée bloquée ici. Un autre groupe de militaires canadiens attend d'être transféré vers cette station météorologique avancée. Il n'y a pas grand-chose à faire à Resolute à part se balader et jouer au billard ou regarder la TV et des cassettes vidéo. Comme dit plus haut, Resolute est sec, ou *dry*, c'est-à-dire sans alcool ni bière. C'est dire qu'après quelques jours, ces gens commencent à solidement tourner en rond.

Je viens de rencontrer également Kathy Quinn, une jeune géologue du MIT (*Massachusetts Institute of Technology*) de Boston et également joueuse de rugby. Nous serons dans le même équipage dans l'habitat martien. Elle aussi est arrivée hier, mais dans l'après-midi, venant d'Ottawa. Nous avons parlé de l'expérience sismique que nous ferons pendant notre rotation et elle est d'accord pour me donner un coup de main. Ce qui me fait bien plaisir car j'aurais besoin de ses lumières en géologie et en géophysique. Parlant de cette expérience, Robert Zubrin m'a appelé cet après-midi pour me dire que notre équipement sismique est bloqué à la douane à Ottawa et qu'une signature manque encore. J'ai rappelé le Dr Philippe Lognonné, le co-investigateur de cette expérience qui nous a prêté l'instrumentation de l'Institut de Physique du Globe de Paris, pour lui demander d'envoyer immédiatement un papier signé à qui en a besoin. En espérant ainsi que l'équipement sera samedi ici à Resolute. Plus tard dans l'après-midi, Colleen Lenahan nous annonce que nous ne partirons pas aujourd'hui pour l'île de Devon, et sans doute pas avant samedi ou dimanche matin, deux ou trois jours plus tard que prévu, à cause du mauvais temps et du fait qu'un des deux avions qui volent dans ces contrées polaires est tombé en panne récemment. Décidément bien inaccessible, cette île...

Il pleut toujours, ou plutôt il bruine, et des nuages de brouillard vont et viennent au gré du vent. Ainsi, pour que cet avion puisse voler jusqu'à l'île de Devon, il faut qu'il fasse suffisamment beau ici et là-bas ; il ne suffit pas d'avoir une bonne visibilité ici si le brouillard règne là-bas et vice versa, puisque tous les vols polaires se font à vue. Bien qu'il soit toujours prévu que nous entrions dans l'habitat martien ce dimanche après la première rotation, on devra s'adapter à un nouveau planning une fois arrivés.

Heureusement, l'hôtel d'Aziz est vaste et confortable. Il a également une connexion internet et puis il y a quelques vidéos que je n'ai pas encore vues. Bref, tout ce qu'il faut pour faire patienter les gens en transit bloqués par le mauvais temps arctique. On a passé le temps avec Joe à prendre quelques photos d'un loup et d'un bœuf musqué (encore une fois dus à un taxidermiste) et de la baie gelée. Il est bientôt l'heure du souper et je commence à avoir l'estomac dans les talons : à mettre au compte du temps arctique, froid et pluvieux.

Je termine ici pour aujourd'hui et vous salue depuis Resolute, le dernier endroit civilisé avant Mars.

Vladimir

Vendredi 6 juillet 2001, Jour J-2

Encore un jour étrange dans le cercle polaire arctique. Cette lumière ininterrompue du soleil est vraiment perturbante. Je me suis réveillé ce matin et suis resté éveillé toute la journée, attendant inconsciemment le soir, mais bien sûr la soirée ne vient jamais dans cet été polaire. La lumière ne baisse pas et il n'y a pas de crépuscule. Il est près de minuit à ma montre et je me sens fatigué, mais je ne me sens pas d'humeur à aller me coucher vu qu'il fait toujours clair comme en plein milieu de l'après-midi. Je me prends à me laisser aller à la méthode locale, c'est-à-dire à somnoler un peu l'après-midi et le soir et à continuer à vaquer le reste de la journée ou de la « nuit ». En parlant avec Aziz, il me raconte que les gens d'ici vivent avec le soleil, c'est-à-dire qu'ils passent de longues heures dehors en été en somnolant quelques minutes ou heures ici ou là, alors qu'en hiver, pendant la nuit polaire, les gens se sentent constamment fatigués et dorment la plupart du temps plus de 18 heures par jour. Je peux facilement imaginer cela : se réveiller au « matin » en plein milieu de la nuit et se dire que de toute façon, le soleil n'est pas encore levé et qu'on ferait tout aussi bien de se rendormir.

La météo aujourd'hui est la même qu'hier, c'est-à-dire un « chaud » zéro degré centigrade avec un ciel chargé et beaucoup de vent du nord-nord-ouest. Toujours pas suffisant pour décoller pour Devon aujourd'hui. Il y a eu une tentative hier soir à 22h30. Parfois la décision est prise d'une minute à l'autre dès qu'il y a une éclaircie. Le pilote est parvenu à atterrir à Devon avec quelques vivres et autres provisions pour ceux qui y sont déjà, mais apparemment, c'était tout juste, tellement juste que le pilote a décidé de ne pas y retourner comme initialement prévu à deux heures du matin. La demi-équipe de *Discovery* est donc toujours là et ils ont dû se résoudre à passer une autre journée à tourner en rond devant la TV et à surfer sur la Toile. Jusqu'à ce soir où de nouveau, il y a eu une trouée dans les nuages ici et là-bas leur permettant de s'envoler sans pratiquement aucun préavis. Une des personnes est semble-t-il parti en chaussettes, en train de mettre ses bottes et de serrer ses lacets dans la jeep filant vers l'aéroport. Est-ce qu'on pourra finalement partir demain, Kathy et moi ? On verra. Robert Zubrin arrive demain et je suis sûr que cela aidera à accélérer un peu les choses.

Alors qu'avons-nous fait aujourd'hui ? Eh bien, pas mal de choses ! J'ai fait un peu de shopping et je suis parti avec Joe pour déposer les gars de la *Royal Canadian Army* à l'aéroport puisque leur avion était prévu à midi et est parti à l'heure.

C'est drôle comme on se lie rapidement d'amitié dans ce genre de circonstances, bloqués dans un même endroit pour plusieurs jours. Et puis aussi, la confiance règne ici. Aucune porte n'est fermée à double tour et Aziz laisse les clés sur son van, en nous disant qu'on peut l'utiliser quand on veut. C'est vrai qu'un voleur éventuel n'aurait nulle part où aller.

Nous avons fait également une longue balade de deux heures le long de la baie de Resolute. Il faisait raisonnablement chaud à zéro degré (nous sommes en plein juillet, ne l'oublions pas), mais le fort vent donnait une impression de quelques degrés de moins. J'avais l'impression que mes oreilles commençaient à geler. Mais non, pas encore. Les histoires d'organes gelés à amputer, ce sera pour une autre fois.

On a également travaillé avec Kathy. Nous avons étudié les procédures de notre expérience sismique et nous avons parlé de l'importance de cette expérience pour l'exploration martienne : comment faire pour trouver de l'eau sur Mars. J'y reviendrai une autre fois, mais sachez que trouver de l'eau sur Mars est absolument capital si l'on veut qu'un jour des êtres humains puissent s'installer et vivre sur cette nouvelle planète.

J'ai lu aussi un peu l'histoire de cet endroit. Alors faisons un peu d'histoire et de géographie. Le cercle polaire est à peu près à la latitude de 67 degrés nord. Resolute est juste en dessous de la ligne des 75 degrés de latitude nord, c'est-à-dire à 15 degrés de latitude ou quelque chose comme 1 700 km du pôle Nord géographique. Si par le plus grand des hasard vous vous perdez sur la surface de la planète et que vous ne savez pas à quelle latitude vous vous trouvez, vous pouvez toujours vous rabattre sur les vieux trucs de scouts : observer les étoiles ou regarder où le soleil se couche (s'il se couche...), ou simplement regarder votre boussole. Le progrès faisant bien les choses, les exigences de confort de la vie moderne vous permettent de trouver encore plus facilement sous quelle latitude vous vous trouvez : regardez simplement les antennes paraboliques. Comme la plupart d'entre elles sont pointées sur des satellites TV ou de télécommunication géostationnaires, c'est-à-dire au-dessus de l'équateur, à la latitude zéro, ces antennes seront pointées quasiment à l'horizontale, ce qui veut dire que vous n'êtes pas loin du pôle.

Resolute est sur l'île de Cornwallis dans le nouveau territoire du Nunavut. Le nom de ce village isolé en inuktitut, la langue inuite, est « Qausuittuq », qui peut être traduit par « le lieu sans crépuscule ». Le nom anglais de Resolute a été donné à cet endroit après que le vaisseau *Resolute* (le Résolu) de sa gracieuse majesté d'Angleterre fut envoyé, au XIXe siècle, par la marine britannique, à la recherche de l'expédition perdue de Sir John Franklin parti découvrir le passage par le nord-ouest vers l'Asie. Le Nunavut, signifiant « notre pays » en inuktitut, faisait anciennement partie de la province des Territoires du Nord-Ouest. Grande comme quatre fois la France et peuplée de seulement 25 000 habitants, cette nouvelle province canadienne a été créée en 1999 pour reconnaître l'importance de ce qui est appelé ici les Premières Nations, c'est-à-dire principalement les Indiens et les Inuits. Ne dites jamais à un Inuit qu'il est un Eskimo puisque ce terme est perçu comme insultant. Ce terme eskimo vient du langage des Indiens algonquins du sud du Canada et qui veut dire « mangeur de viande crue ». Voilà, vous en savez autant que moi sur l'endroit et ses habitants.

Le seul lien qui nous relie encore à la « maison » est brisé aujourd'hui, puisque le serveur de l'Estec est en panne. Je n'ai donc pas pu lire et répondre à mes e-mails, et je ne sais pas comment envoyer ce rapport. Mais rassurez-vous et accrochez-vous puisque cela va vous arriver incessamment. Joe m'a indiqué un site web à partir duquel je pourrais continuer à envoyer mes e-mails, mais je n'arriverais plus à lire mon courrier.

L'un dans l'autre, le moral est bon, la soupe est chaude et les sacs sont bouclés, prêts à partir à tout moment au premier coup de téléphone de l'aéroport. Mais autant je voudrais être déjà sur l'île de Devon, autant je ne suis pas mécontent de passer une autre nuit au chaud dans un lit confortable chez Aziz. Avec un peu de chance, la prochaine livrée de ces rapports sera depuis « Mars sur Devon ». Bonne chance à tous et à Justine Henin qui joue demain la finale de Wimbledon contre une des sœurs Williams (eh oui ! ici aussi on regarde les *news* à la TV). « Allez Belgique ! »

Vladimir

Samedi 7 juillet 2001, Jour J-1

Finalement, les choses commencent à bouger et aujourd'hui, il semble bien que nous pourrons enfin partir. Après nous être encore promenés pour la énième fois dans cet endroit charmant (Resolute), nous apprenons que l'avion a décollé, que tout marche et que notre tour pourrait venir plus vite que nous ne le pensions. Le temps est absolument fabuleux. Le moral est comme le soleil : au zénith, et la température est toujours de zéro degré, mais face au soleil vous auriez l'impression qu'il fait plus chaud qu'en juillet (comme le disait Stevie Wonder). Je suis reparti me promener le long de la baie pour admirer la mer gelée. J'ai même marché sur l'eau, ce qui est assez simple finalement quand elle est gelée. Et puis, on a fait quelques gags, comme par exemple nourrir les animaux empaillés d'Aziz, et puis aussi un peu de boulot sur l'ordinateur. Toujours la tête au boulot... Les scientifiques sont comme ça, il faut leur pardonner.

Entre-temps Robert Zubrin, le président de la *Mars Society* et notre futur *Sim Team Lead* (le commandant de notre rotation) est enfin arrivé au milieu de l'après-midi, toujours aussi enjoué et énergique. Aussitôt arrivé, il a commencé à se renseigner sur les vols, les livraisons de nos équipements et les réservations, etc. Bill Clancey, un *computer scientist* – qu'on pourrait traduire approximativement par « scientifique des ordinateurs » ou spécialiste de l'intelligence artificielle et de *cognitive science* (difficile à traduire celui-là ; essayons « les sciences cognitives »; il manque au français la faculté de s'adapter rapidement au vocabulaire scientifique et technique constamment en mutation). Bill sera également de notre rotation. C'est un grand monsieur, grand par la taille et par les écrits, puisqu'il a beaucoup publié sur les sujets qui l'occupent.

Nous avons eu notre première réunion de groupe sur notre simulation et les choses sérieuses commencent enfin. La situation a en fait pas mal changé depuis nos derniers contacts par e-mail avant les départs de chacun. La météo était tellement mauvaise ces dernières semaines que les préparatifs finaux du Hab, l'habitat martien, en ont souffert et que les choses n'ont pas pu évoluer comme prévu. L'équipage de la première rotation est arrivé il y a plus de deux semaines et est resté la plupart du temps bloqué dans les tentes du camp de base situé à quelques kilomètres du Hab. Cet équipage sous la direction de Pascal Lee – un scientifique français qui travaille à la Nasa et dont la famille est originaire de Hong Kong – a seulement pu entrer hier dans le Hab et sa rotation initialement prévue pour dix jours comme la nôtre a été retardée de pratiquement une semaine. Pascal nous demande de reporter le début de notre rotation de deux jours pour leur permettre de conduire un minimum de leur programme scientifique. Robert leur a déjà accordé ces deux jours et ils demandent maintenant qu'on leur accorde un jour supplémentaire. On discute de l'impact sur nos expériences et finalement on transige sur une demi-journée supplémentaire, c'est-à-dire que nous entrerons dans le Hab le mardi 10 juillet à 9 heures du matin au lieu du dimanche 8 juillet au matin.

Après dîner, nous sommes partis visiter les bureaux de la companie First Air pour nous assurer de la présence de notre équipement de géophysique, supposé arriver de Paris via Ottawa. Aziz nous prévient que son fils de 16 ans, qui était sur

Devon comme guide, a eu un accident et qu'il rentrait avec le prochain vol. Rien de bien grave, la cheville endommagée par un ATV (*All Terrain Vehicle*), un quad, sorte de moto tout-terrain à quatre roues dont l'utilisation est si populaire ici (rien à voir avec l'ATV, *Automated Transfer Vehicle*, qui servira à délivrer du « cargo » à la Station spatiale internationale). Le fils d'Aziz a été rapatrié par avion avec le Dr Rainer Efenhauser, d'origine allemande, qui travaille comme docteur des équipages au *Johnson Space Center* de la Nasa et qui était membre de l'équipage de la première rotation. Il m'a parlé en allemand quand il a appris que j'étais de l'ESA, tout en rentrant à pied à travers le village.

On nous a dit également que nous pourrions bien partir cette nuit vers une heure du matin, sinon sur le prochain vol à quatre heures du matin. Mais encore une fois, ces indications d'heures perdent tout leur sens en ces périodes continues de soleil. Ce n'est qu'une référence au temps de nos montres pour fixer un moment, et pas un instant particulier de la journée comme il n'y a pas de « jour » pendant l'été arctique. On dort quand on en éprouve le besoin et pas parce que c'est la « nuit ».

Je me suis dit que si, de toute façon, il fallait partir au petit matin, je ferais bien de prendre quelques heures de sommeil. Je me suis donc mis au lit et à peine endormi, Colleen, Robert et Joe sont venus tambouriner à ma porte pour me dire qu'on partait dans une demi-heure, à 1h30. Juste le temps de boucler les sacs et de les jeter dans le van. N'est-ce pas ironique ? On passe trois jours à traîner avec tellement de temps libre qu'on ne sait pas quoi en faire, et soudainement à la dernière minute, c'est la course : plus le temps de rien faire. Mais tant mieux. On va enfin s'envoler vers Devon, l'endroit de notre environnement martien sur Terre.

Vladimir

Dimanche 8 juillet 2001, Jour J-1 bis

Le mot du jour est « INCROYABLE ».

Nous avons donc sauté dans l'avion à 1h30 du matin après quelques minutes de sommeil. Après avoir chargé nous-mêmes les bagages dans l'avion, les conteneurs, les caisses d'équipement, etc., nous avons enfin décollé vers 2 heures du matin par un soleil éclatant. Enfin ! Quelle libération ! Nous partons vers Devon, Robert, Kathy, Bill et moi. L'avion est un vieux *Twin Otter* qui a une dizaine de sièges et un espace pour le « cargo » à l'arrière de la cabine. Le vol lui-même dure à peine 45 minutes, mais c'est comme entrer dans un autre monde, puisqu'on quitte une île pour arriver sur une autre, différente, plus sauvage, plus tourmentée, encore plus déserte. Toutes les surfaces d'eau sont gelées, à part quelques filets qui coulent entre les craquelures. Pas une tache de vert, rien que des rochers, de la neige et de la glace. Personne ne parle, tout le monde est abasourdi et reste bouche bée devant ce spectacle d'un autre monde. L'avion commence à perdre de la vitesse et de l'altitude en vue de l'atterrissage. L'indicateur lumineux dans la cabine de pilotage indique « arrivée sur Mars dans 10 minutes ». Sympathique de la part des pilotes de nous mettre dans l'ambiance directement. Les deux pilotes se retournent vers nous à travers la porte du cockpit restée ouverte et nous adressent un grand sourire en nous indiquant quelque chose de la main. Et il est là, le Hab, comme un vaisseau spatial posé sur une plage de roches, au bord d'une structure géante circulaire : l'ancien cratère de Haughton. Rien n'est visible à l'horizon dans ce monde désolé. L'avion tourne autour du Hab et s'aligne sur une piste de mauvais cailloux légèrement inclinée. Si, quand même, au loin, on distingue quelques points de couleur regroupés : c'est le camp de base avec quelques dizaines de tentes. L'avion se pose et continue de courir sur la piste en montée, effectue un demi-tour et finit par s'immobiliser. Nous sommes accueillis par une dizaine de personnes venues du camp de base en ATV, dont John Schutt, le manager du camp de base et Joe Amaralik, le chef inuit des guides. On se félicite. On fait connaissance. On se présente. On se congratule. On est là. On est arrivé enfin. Il est près de trois heures du matin et il fait chaud, enfin c'est l'impression face au soleil toujours haut dans le ciel. Mais l'avion ne peut pas attendre et doit s'en retourner. Il est donc temps de décharger les bagages, sacs, caisses, conteneurs et de recharger les caisses et conteneurs qui doivent retourner à Resolute. Tout le monde met la main à la pâte et en quelques minutes le tout est déchargé et rechargé. Avant de repartir vers le camp de base, je regarde aux alentours. Incroyable, cet environnement martien ! On s'y croirait, rien que des rochers aux formes bizarres formés par l'explosion de cette météorite il y a 23 millions d'années, et cet habitat futuriste à quelques centaines de mètres. Mais il est temps de nous mettre en route, on recharge les bagages, caisses et tout l'équipement sur les ATV et les remorques et le tout part devant nous. Nous marchons jusqu'au camp de base en descendant une piste mi-enneigée mi-rocailleuse jusqu'à une petite rivière formée par la fonte de la neige. On traverse à pied sec (merci *Gore-Tex*) et on remonte de l'autre côté. John Schutt nous attend et nous indique où l'on peut monter nos tentes pour le reste de la « nuit ». Je suis tellement impressionné par cet endroit que je n'arrête pas de parcourir l'horizon des yeux et de chercher à tout voir toute de suite, comparant tel rocher à tel autre. D'ici, on ne voit pas le Hab, caché derrière un promontoire rocheux géant. J'ai tellement lu à propos de cet endroit sur le site web de la *Mars Society* et m'y voici. Je sais que ça ira très vite, ces dix jours passés ici, et je veux donc en profiter un maximum. Je n'arrive toujours pas y croire.

Le camp de base est composé de trois grandes tentes, respectivement le mess, une tente laboratoire et une tente studio de *Discovery Channel*. Deux autres tentes plus petites sont posées un peu plus loin. Elles sont utilisées individuellement pour..., eh bien ! disons que le seul mobilier de chacune des tentes est une chaise percée. On y attache un sac plastique, qui une fois rempli, est refermé et placé dans un autre grand sac-poubelle. Un simple code signale que l'endroit est momentanément occupé : on place un bidon rouge devant la porte rabattue de la tente. À l'extérieur, deux fûts d'essence vide avec un entonnoir et un piédestal servent aux messieurs pour une partie des besoins. Eh oui ! Lors des premières années, les besoins se faisaient dans la nature et puis, quand les gens du projet Nasa-HMP sont revenus l'année suivante, ils ont constaté qu'aux endroits précédemment utilisés, de la végétation commençait à pousser grâce aux nitrates contenus dans les excréments. Il fut donc sagement décidé de rapatrier le tout sur Resolute pour préserver l'état initial et sauvage de cette île fantastique. C'est donc une partie du chargement que l'avion ramène à Resolute à chaque vol de retour.

Plus loin et de l'autre côté d'un ruisseau, le village de tente lui-même, ou des tentes individuelles ou pour deux personnes sont montées de façon stratégique pour éviter les ruisselements d'eau. Et me voici, à quatre heures du matin en train d'essayer de monter dans l'Arctique une tente qu'on m'a prêtée. Heureusement, l'esprit d'entraide continue de fonctionner et après avoir aidé mes collègues ils viennent à leut tour me donner un coup de main. De nouveau, je n'arrive pas à dormir et décide d'aller faire un tour tout seul autour du camp. Mal m'en prit, car le lendemain on m'explique qu'il vaut mieux éviter de s'aventurer seul en dehors des limites du camp à cause des rencontres toujours possibles avec un ours polaire. Mais bon, ce matin-là, rien ne m'arrive à part d'être encore une fois subjugué par la beauté sauvage et majestueuse de cet endroit.

Finalement, je retourne à la maison (c'est-à-dire dans ma nouvelle tente fraîchement installée) et je décharge les photos de la caméra digitale sur mon *laptop*. Soudainement cette pensée me traverse la tête : si quelqu'un m'avait dit il y a vingt ou même dix ans qu'en 2001, je serais assis dans une tente au milieu d'un environnement martien sur une île polaire déserte, à quatre heures du matin sous un soleil éclatant, à décharger des images digitales sur un *laptop* portable sans autre connexion, je lui aurais demandé dans quel film de science-fiction il avait vu ça ! Oui, la réalité peut rapidement dépasser la fiction.

Finalement, je déroule mon sac de couchage garanti jusqu'à -20 degrés et l'installe sur un petit tapis de sol. Un peu dur, mais on a vu pire. Donc tout va très bien. Il ne fait même pas trop froid. Je m'endors en pensant qu'une expédition habitée sur Mars pourrait également arriver plus vite qu'on ne le pense.

Me rappelant inconsciemment que quelqu'un avait parlé d'un petit déjeuner à 7h30, j'arrive à me réveiller quelques minutes plus tôt. Heureusement que nous avons toujours nos montres ; sans ça, impossible de savoir l'heure qu'il est. Le soleil a à peine bougé dans le ciel. Je marche jusqu'à la tente-mess, en me disant que me laver et me brosser les dents pourrait attendre que je sois mieux réveillé et que j'aie un peu plus chaud. C'est déjà presque la grande foule matinale dans le mess, le seul endroit chauffé de l'île. Je retrouve des visages connus de l'équipe de *Discovery Channel.* Je n'avais pas eu le temps de les saluer avant leur départ il y a quelques jours. D'autres gens, scientifiques, ingénieurs et journalistes. Quelqu'un me met une assiette avec trois énormes crêpes chaudes fraîchement cuites et une tasse de thé. Mmmh ! Le simple plaisir d'un déjeuner au chaud. Je me présente aux autres membres de l'expédition. Il y a un groupe d'ingénieurs et d'étudiants de l'Université de Carnegie Mellon qui sont là pour tester une expérience de technologie avec un robot motorisé fonctionnant à l'énergie solaire. D'autres équipes de journalistes de *Discovery Channel* du Canada, du magazine *Popular Science*, un groupe de biologistes du *Kennedy Space Centre* de la Nasa, des géologues et géophysiciens associés au projet de la Nasa-HMP, etc. Au total, une quarantaine de personnes, trois chiens, beaucoup de *laptops* portables, de caméras, de radios et... des *shotguns*, ces fusils au canon scié popularisés par le cowboy Jos Randall dans les années 60. On discute de choses et d'autres, c'est-à-dire principalement des différentes expériences en cours, des sessions d'exploration du cratère de la journée et des sorties effectuées par les géologues du groupe Nasa-HMP. Tout ça au petit déj. On ne perd pas de temps. Très bien, j'aime ça.

John Schutt nous prend à part, les nouveaux arrivés, et nous explique les règles de base du camp du même nom : ne pas s'éloigner seul (hum !), toujours rester en groupe, comment utiliser les toilettes, que la douche n'est pas encore installée mais que c'est pour bientôt, etc. Il nous explique aussi le maniement des radios portables (« Notre indicatif est HMP7SFU, rappelez-vous en ! »), comment conduire un ATV (en fait comme une moto tout-terrain sauf qu'elle a quatre roues ; comme j'avais fait de la moto en Afrique, ça ne me pose pas trop de problèmes) ; et finalement comment et pourquoi utiliser un *shotgun*. Oui, je sais, c'est difficile à avaler, je n'aime pas les armes à feu, mais après avoir entendu les raisons, eh bien heu..., je préfère savoir qu'il y en a une à portée de main. Les ours polaires se promènent librement d'île en île sur la mer gelée et, en fait, nous nous sommes invités chez eux sans leur demander leur avis. Si un ours a faim, il pourrait être en chasse et de façon simplifiée, pour lui, vous êtes de la viande sur pied. S'il se met à charger, il fonce sur vous à une vitesse moyenne de 20 mètres par seconde, ou à peu près 70 km/h (pour mémoire, le record du monde du 100 m est de moins de dix secondes, à peine 36 km/h !). Donc, aucun espoir de s'encourir. Mais un ours est en plus intelligent et il a l'odorat très développé. S'il vous sent de loin, il ne viendra pas directement, il préférera vous suivre à distance et tourner autour de vous au loin pour se mettre sous le vent, c'est-à-dire que vous ne pourrez pas le sentir (comme si l'on avait un odorat aussi développé que le sien...) et attendre le moment propice pour surgir de derrière un rocher. En plus, c'est grand un ours polaire : debout, il mesure plus de deux mètres et demi et peut peser plus de 500 kg. Ses pattes sont terminées par des griffes assez impressionnantes. Un petit coup de patte et vous voilà sans mains, ou sans bras ou sans jambes. Si à tout hasard, vous êtes surpris par un ours, le mieux est d'enlever une pièce de vêtement et de la lui jeter. Non pas qu'il ait froid, mais ça l'occupera quelques instants de sentir cet objet nouveau pour lui, le temps de saisir le *shotgun*. Donc, si l'on doit sortir en expédition, toujours rester en groupe et toujours avoir un *shotgun* avec nous. De plus, pas de parfum ni de savon odorifère, et ne pas laisser traîner de la nourriture ou quoi que ce soit qui pourrait avoir une odeur portant au loin. John nous montre comment charger le fusil, épauler, viser et tirer sur une boîte en carton (heureusement). Je me dois de vous dire que cela ne m'a pas vraiment enthousiasmé, mais je suis content de l'avoir fait ; comme ça, je sais comment cela fonctionne. Mais je suis toujours d'avis que la Terre serait un endroit plus sûr sans armes à feu, sauf ici dans cet environnement sauvage où vous n'êtes pas au sommet de la chaîne alimentaire. De plus, il vaut mieux éviter à tout prix de tirer sur un ours sauvage. Même en cas de légitime défense, l'abattage d'un ours est punissable d'une lourde amende par les lois du Nunavut. Donc prudence et méfiance. Je n'irai plus me balader tout seul comme je l'ai fait avant de me coucher.

Tout ceci nous a pris la matinée. Le dîner est servi à midi précis et est le bienvenu, car malgré le soleil, il fait quand même froid, et les calories s'envolent rapidement. On a le choix entre du riz et du riz, accompagné d'une sauce où baignent des morceaux de poulet ou du *chili con carne*, le tout venant de boîtes de conserve. Ces boîtes seront notre lot pour les jours à venir, mais c'est bon, c'est chaud et c'est bien nécessaire. La météo a commencé à se détériorer durant l'après-midi, le ciel s'est couvert et le vent s'est levé. Comme nous vivons pratiquement dehors et sous tente, une couche supplémentaire de gros pulls est nécessaire, ce qui porte le nombre total de couches à six pour continuer à fonctionner normalement. En fait, ça se résume à : un tee-shirt, un pull à col roulé, un autre pull, encore un autre pull, une veste sans manches, la grosse doudoune pardessus tout et un bonnet sur la tête ; pour le bas, le caleçon long, un pantalon de jogging et un pantalon tout-terrain pardessus ; une fine paire de chaussettes, une grosse paire de chaussettes de laine et les bottines en *Gore-Tex*. Voilà comment on vit pratiquement 24 heures sur 24.

Plus tard dans l'après-midi, nous avons prévu avec Kathy d'ouvrir les conteneurs des équipements et de passer toute notre expérience de géophysique en revue, et peut-être de faire un essai demain avant de rentrer dans le Hab mardi.

Voilà pour aujourd'hui. Une journée riche en apprentissage et fertile en émotions. Bien à vous, un-peu-plus-martien-aujourd'hui-qu'hier.

Vladimir

Lundi 9 juillet 2001, Jour J-1 ter

Deuxième jour de travail sur l'île de Devon. Le temps s'est mis au beau ce matin et il fait même chaud : deux degrés au-dessus de zéro, mais c'est supportable grâce à la pluie qui est tombée plus tôt. Je me suis réveillé tôt ce matin, après avoir dormi six heures en tranches d'une heure ou deux . D'abord, un sac de couchage sur un tapis de sol dans une tente d'une personne montée sur des cailloux n'est pas l'endroit le plus confortable qu'on puisse rêver ; et deuxièmement, avec le froid ambiant, je me suis rendu compte que je dois aller plus souvent aux toilettes. Donc c'était toujours le dilemme : ou bien rester bien au chaud (enfin relativement) et se retenir ou alors enfiler les bottines et la grosse doudoune et affronter les 200 m dans le crachin glacial et le vent pour aller aux toilettes du camp. Heureusement, on nous avait conseillé de prendre avec nous une bouteille en plastique pour ce genre de besoins, mais elle est rapidement remplie. Une autre raison pour ce réveil matinal était une toilette matinale. Exact. On est lundi matin et il est temps d'utiliser ces serviettes humides. Quel plaisir à se contorsionner dans cette petite tente, à retirer les couches de vêtements (on dort bien sûr à moitié habillé), à se passer sur des parties inaccessibles du corps ces serviettes humides (certaines sont encore gelées) et puis vite remettre les couches de vêtements. La dernière douche datant il y a deux jours, et bien qu'il fasse froid, vous transpirez quand même en travaillant ou dans la tente. Mais finalement on s'y habitue et puis je comprends pourquoi les habitants du Grand Nord préfère garder la couche de sébum ou de transpiration comme protection naturelle contre le froid. Je décide également d'aller jusqu'à la rivière pour me laver les dents. Brrrr ! C'était froid et il faut vraiment le vouloir. Essayez chez vous. Prenez de la glace, laissez-la fondre, et dès qu'elle a fondu, utilisez-la pour vous laver les dents. Bonjour les gencives !

Bon, nous sommes en route pour Mars et nous ne sommes pas là pour discuter de choses triviales, mais ce sont des aspects auxquels les équipages martiens devront faire face, même si pour l'instant nous ne faisons encore que du camping arctique.

Parlant de camping, toujours pas d'ours en vue et heureusement, je suis protégé par cette affiche spéciale précisant que je ne suis pas comestible et que mes os sont en titane, qu'une collègue de l'Estec, Tammy Erickson, m'a préparée. Je suis sur que n'importe quel ours intelligent sachant lire comprendra et s'en ira directement.

Le premier équipage est toujours dans le Hab et ils ont eu hier après-midi leur première sortie extravéhiculaire, ou EVA (prononcez « ie-vie-héé ») en jargon spatial anglais. La pluie est tellement forte ce matin que leur deuxième sortie EVA du matin est reportée à cet après-midi. Pendant leur simulation, les travaux de construction et d'aménagement du Hab continuent en parallèle. On nous a demandé de donner un coup de main pour poser un tuyau d'arrivée d'eau depuis la petite rivière, à quelques centaines de mètres plus bas. Cela nous a pris deux heures à Kathy Quinn, Bill Clancey, John Schutt et moi-même pour installer les 600 m de tuyau en plastique de la rivière au Hab martien. On a fini juste à temps pour le dîner de midi : un plaisant ragoût inuit connu sous le nom d'« Anaq », composé de bœuf, de légumes indéfinissables et d'autres choses que je préfère ne pas identifier.

Le temps s'est amélioré au milieu de l'après-midi, les nuages ont quitté le ciel et le soleil brille à nouveau. Ça a l'air stupide de parler tout le temps de la météo comme s'il n'y avait rien d'autre à raconter. En fait, dans l'Arctique, la météo est l'un des facteurs les plus importants, qui conditionne votre comportement et vos décisions. Par exemple, on a prévu hier soir, après avoir vérifié tout l'équipement expérimental, de faire un essai aujourd'hui dans la *planitia Von Braun*, une grande plaine en face du camp de base.

Cependant, ce matin, il était inutile d'essayer de détecter de l'eau en dessous de cet endroit alors qu'il pleuvait en surface. De plus, les ATV étaient réquisitionnés pour la sortie EVA du premier équipage et on en a besoin également pour transporter nos 130 kg d'équipement. On a reporté notre essai à demain. Un autre exemple est le bulletin météo que Bill a téléchargé à partir du site web d'une station canadienne et qui lui permet d'obtenir la carte de la région venant d'un satellite météo. Un front froid arrive du pôle Nord, pas très loin d'ici, et sera sur nous demain matin avec des températures négatives. Ce qui veut dire encore quelques couches supplémentaires à enfiler pour dormir ce soir et pour travailler demain.

Un aperçu de nos activités scientifiques. On a eu un très intéressant séminaire hier soir, une conférence improvisée donnée dans la tente-mess par le Dr Gordon Osinski (Oz pour les intimes) de l'Université du Nouveau-Brunswick du Canada, nous parlant des cratères d'impact. Comme nous sommes sur le bord du cratère de Haughton formé il y a 23 millions d'années, c'était plus qu'approprié. Ce soir, ce sera au tour de Kathy Quinn qui nous parlera d'*Icesat,* ou l'observation des changements de topographie de la couche de glace depuis l'espace, son sujet de thèse. Ce camp de recherche arctique est l'endroit le plus intéressant pour suivre des présentations de ce type. Quarante personnes, la plupart des scientifiques impliqués dans la recherche sur la vie dans l'espace et sur Mars, sont présentes. Un autre scientifique américain nous a demandé ce matin de ne pas nettoyer ou brosser les trois grandes tentes parce qu'il a l'intention de ramasser demain des échantillons de poussières accumulés cette dernière semaine pour les comparer aux échantillons ramassés la semaine dernière dans le but de vérifier l'évolution de la contamination microbienne introduite par des équipages humains dans des environnements neufs. Il a ajouté qu'il ne passerait pas dans les tentes individuelles. C'est vrai que c'est très poussiéreux par ici, même s'il pleut régulièrement. Dès que cela sèche, la poussière s'accumule sur les vêtements, les instruments, les *laptops* et à l'intéreur des tentes.

Quelques mots sur notre équipage de la deuxième rotation. Nous serons six à entrer dans le Hab demain. Le commandant est Robert Zubrin, ingénieur et fondateur de la *Mars Society* et fervent avocat des missions habitées vers Mars. Le Dr Charles Cockell, un biologiste faisant partie de la *British Antarctic Survey*, fait déjà partie du premier équipage et restera à bord pour la deuxième rotation. Steve Braham, un physicien britannique de l'Université Simon Fraser de Vancouver et spécialiste des télécommunications, passera également de la première à la seconde rotation. Vous connaissez déjà Bill Clancey, un scientifique spécialiste de l'intelligence artificielle du centre Ames de la Nasa et Kathy Quinn, une géologue du MIT de Boston. On devrait entrer dans le Hab demain soir vers 21 heures et je suis impatient de commencer notre simulation. Nous avons déjà été contactés par e-mail par un groupe de psychologues américains qui nous ont proposé de remplir un questionnaire pendant la simulation, questionnaire portant sur les facteurs humains de notre séjour au camp de base et dans le Hab. Donc, le travail scientifique comme cobaye et sujet d'expérience a déjà commencé et j'attends avec impatience de pouvoir commencer le travail scientifique comme expérimentateur également. Cela devrait démarrer à plein régime une fois dans l'habitat martien.

Vladimir

Mardi 10 juillet 2001, Jour J

Journée fort chargée. Très froide également, comme annoncé hier par le bulletin météo, mais on a eu la chance d'éviter la neige qui est tombée plus au sud. Le soleil brille maintenant dans un ciel presque parfaitement bleu, avec une température de plus trois degrés. Ce matin, j'ai pris mon courage à deux mains et me suis pris par la peau du dos avec la main restante pour aller me laver dans la rivière plus bas. Mmmh ! Ça vous fait sentir que vous êtes bien vivant, un peu d'eau glacée sur la figure de grand matin dans le vent arctique. Après le petit déjeuner, nous avons tenu une réunion avec les membres du second équipage pour discuter de la composition des repas et de la quantité de nourriture que nous aurons besoin de prendre avec nous dans le Hab pour les semaines à venir. C'est principalement de la nourriture séchée et en conserve, pas vraiment le genre « salade et fruits frais ». Mais je suppose qu'une expédition martienne embarquerait le même genre de nourriture pour plus longtemps.

J'ai essayé avec Patricia Garner, une jeune ingénieur anglaise de l'Université Simon Fraser de Vancouver, joueuse de hockey sur glace et néanmoins charmante, d'établir le contact avec le site web d'entrée de l'Estec, mais sans succès, tout contact ce matin étant apparemment impossible à cause d'une connexion satellite trop lente et surchargée. Pire : mon PC *laptop* a crashé pendant cette tentative infructueuse de connexion. Pourquoi ? Mystère. Sans doute le froid et la poussière ambiants. On nous avait prévenu que cet environnement froid et poussiéreux était dangereux pour les ordinateurs. Maintenant j'en suis réduit à travailler avec *Windows* en mode réduit, moi qui par le passé ne jurait que par *McIntosh* ; mais bon, ça marche encore. Kathy me propose très gentiment d'utiliser son *laptop* pour transférer mes fichiers et les envoyer par e-mail grâce à la liaison satellite disponible au camp de base.

Plus tard, comme le temps avait l'air de rester stable pour le reste de la journée, on a décidé de conduire une répétition générale de l'expérience sismique et de faire finalement cet essai remis plusieurs fois. Avec Kathy Quinn et Robert Zubrin, nous avons chargé les trois caisses d'instrumentation pesant au total 130 kg sur la remorque d'un ATV et nous sommes partis à trois vers *Haynes Ridge*, la plaine rocailleuse en face du Hab au bord du majestueux cratère de Haughton. De là, vous avez une vue à couper le souffle de l'ensemble et des brèches gris clair qui remplissent le cratère depuis sa formation il y a 23 millions d'années. Le cratère lui-même est une structure compliquée et torturée composée de plusieurs cercles quasi concentriques, le plus grand atteignant un diamètre de 20 km. Le cercle central visible depuis le Hab est à 2 km et la vue est réellement splendide et hors du commun, avec beaucoup de rochers pointus, comme coupés au couteau et des couleurs allant du brunâtre au gris foncé et des taches de neige blanche.

Conduire ces ATV est déjà une aventure en soi. Pour préserver le plus possible l'aspect original et dramatique du paysage, plusieurs pistes ont été tracées par l'habitude et on nous a demandé d'éviter le plus possible d'en sortir. Comme le chemin que nous suivons tortille entre les rochers, traverse quelques ruisseaux de neige fondue et des zones de neige solidifiée, le deuxième ATV s'est bloqué dans la neige et a failli se renverser dans la rivière en contrebas.

Nous avons conduit notre expérience sismique, mais cela nous a pris beaucoup plus longtemps que prévu, à peu près deux heures et demie pour un seul essai au lieu de l'heure et demie prévue. Bien que nous ne portions pas encore nos scaphandres EVA, le vent a rendu cette plaine nue tellement froide que nous avons dû garder nos gants et nous protéger le crâne et les oreilles. Nous sommes quand même arrivés à déployer la ligne de 24 senseurs suivant une direction perpendiculaire au bord du cratère et à conduire les essais sismiques en employant la massue. L'idée générale de cet essai était de tester la fonctionnalité de l'ensemble de l'équipement. Toute l'instrumentation prêtée par l'Institut de Physique du globe de Paris (IPGP) a fonctionné sans problème et quelques premières mesures de la structure souterraine du sous-sol ont pu être enregistrées. Je me sens beaucoup plus à l'aise maintenant et je me rends compte de l'importance qu'il y a à soigneusement préparer une expérience de ce type. Je dois beaucoup à Philippe Lognonné et à Michel Diament de l'IPGP qui m'ont donné une formation accélérée sur le terrain du Centre de recherche de géophysique de Garchy en France un bon mois avant le départ. Une analyse rapide de ces premières mesures montrent déjà une asymétrie évidente dans la structure du sous-sol, près du cratère, entre le point le plus proche et celui le plus éloigné du bord du cratère, plus que certainement due à une plus grande compression du matériau souterrain près du bord. C'était un excellent test et qui présage bien des expériences à conduire plus tard pendant nos futures sorties EVA depuis le Hab durant la simulation. Comme ce test et sa préparation nous ont pris presque toute la journée, le reste de l'après-midi a été passé à préparer notre arrivée dans le Hab et le passage de relais entre les deux équipages.

Le changement aura lieu ce soir à 21 heures. Nous avons emballé toutes nos affaires et nous sommes tous impatients de dormir ce soir à bord de ce vaisseau spatial.

Le temps ce soir s'est recouvert et s'est refroidi avec un peu de brouillard. Ce qui rend le tout très humide, et tout le monde s'en remet aux doubles couches de laine et de grosse veste.

Voilà, mon prochain billet sera depuis le Hab, notre habitat martien pour la semaine à venir. En me préparant mentalement à être coupé du reste du monde (sauf par e-mail) pendant une semaine, je termine ici en vous recommandant : « En avant, Mars ! »

Vladimir

Mercredi 11 juillet 2001, Jour 1

Premier jour passé dans le Hab. Génial ! Nous avons passé une nuit à dormir au sec dans la toute relative chaleur d'une maison spatiale. Quel changement après le camping arctique !

Mais avant toute chose, je vous fais faire le tour du propriétaire. Le Hab est une construction cylindrique de 8 m de diamètre et de 6 m de haut, avec deux étages. Le rez-de-chaussée a deux entrées avec deux sas utilisés pour simuler les décompressions et recompressions lors des sorties extravéhiculaires. Le Hab n'est pas pressurisé réellement mais nous conduisons toutes les opérations de sortie et de rentrée comme s'il l'était. Le sas principal donne sur une salle de préparation aux sorties EVA où les modèles de combinaisons spatiales sont rangés. Une large pièce servant de laboratoire pour la préparation des expériences et le stockage du matériel occupe la plus grande part de la surface du rez-de-chaussée. Une petite salle de bain, avec un évier, une douche rudimentaire et un WC séparé avec une toilette incinérante complètent le rez-de-chaussée. On accède au premier étage, l'étage d'habitation, par une échelle située contre une paroi du Hab. À cet étage d'habitation, on trouve la zone de travail électronique le long du mur incurvé du Hab avec tous les PC *laptops*, la radio et autres gadgets électroniques ; la table de dîner/travail/réunion se trouve au milieu, une petite cuisine dans un coin et six petites chambres emboîtées les unes dans les autres, chaque chambre ayant sa porte, un tout petit couloir et un renfoncement sur un mur latéral qui partage l'espace entre deux chambres contiguës, une chambre ayant un renfoncement en bas, la chambre voisine le renfoncement en haut, avec juste assez de place pour dérouler le sac de couchage. Trois fenêtres circulaires permettent de contempler le cratère de Haughton d'un côté, le *Haynes Ridge* au milieu et la rivière en contrebas de l'autre côté. Tout est fraîchement construit et l'équipage précédent a dû encore pas mal bricoler pour terminer la peinture, la plomberie et l'électricité. Nous avons fait notre part également, puisque ce matin tout l'équipage a passé plus de deux heures à nettoyer notre nouvel habitat et à tout ranger pour en faire notre foyer pour la semaine à venir.

Durant le briefing du matin, nous nous sommes mis d'accord sur les règles qui vont régir nos horaires et notre vie à bord. Il a été décidé qu'une personne par jour serait en charge de toutes les activités en cuisine, c'est-à-dire la préparation des repas et le nettoyage, en plus de ses tâches scientifiques et techniques. Nous avons discuté également des règles à établir pour réduire les visites des personnes étrangères à notre simulation, afin de lui maintenir sa crédibilité. *Discovery Channel* étant l'un des sponsors de cette campagne, ils ont un droit contractuel à avoir un cameraman à tout moment du jour et de la nuit et à tout filmer (dans les limites de la décence, bien sûr). Bob, le cameraman, a donc passé quelques nuits avec nous à dormir dans le grenier, une sorte de réduit au-dessus des six chambres, prêt à filmer le petit déjeuner, comment on se lave les dents, etc. Un peu bizarre au début, on s'y habitue rapidement et on n'y fait plus attention après un certain temps. C'est ce qu'il nous demande par ailleurs.

Une première sortie EVA sera conduite cet après-midi, effectuée par Robert Zubrin comme commandant de l'EVA, Kathy Quinn et moi-même. Ce sera une sortie à pied de deux heures devant le Hab à la recherche de fossiles et d'autres échantillons à caractère biologique. La sortie EVA sera supportée par le reste de l'équipage : Bill Clancey pour noter les aspects techniques de l'habillage et du déshabillage des scaphandres EVA et pour surveiller les échanges par radio ; Steve Braham sera responsable des communications radio ; et Charles Cockell en tant qu'expert en microbiologie pour nous guider dans le choix des échantillons à ramasser.

Après un déjeuner rapide que j'ai préparé (j'ai pris le premier tour de responsabilités en cuisine), nous avons commencé à 13h30 à nous préparer pour enfiler ces scaphandres EVA. Bien que non pressurisées, ces combinaisons sont assez semblables aux combinaisons spatiales réelles. Chaque combinaison est faite d'un tissu assez solide et rugueux avec une poche de poitrine et deux poches sur chaque jambe. La combinaison s'enfile sur des vêtements chauds (nous sommes toujours en Arctique, ne l'oublions pas) et se ferme par une tirette dans le dos. Un ensemble dorsal, pesant une quinzaine de kilos, se met comme un sac à dos et contient le système de support-vie, c'est-à-dire une réserve d'eau et un ensemble de ventilateurs sur batteries permettant la circulation d'air par deux tuyaux dans le casque. Le casque a une visière de plastique permettant une visibilité de 180 degrés. Un petit tuyau amène l'eau à un embout fixé au casque que l'on peut saisir avec les lèvres. Avant de mettre le casque, il faut encore fixer une oreillette et un micro devant la bouche, ceux-ci seront connectés à une radio portative sur batteries, le tout fixé à la ceinture. Le casque est ensuite fixé au collier du scaphandre et de l'ensemble dorsal. Des bottes et des gants recouvrent le reste du corps. Deux badges sur les épaules : le premier est le drapeau martien dont le design a été proposé par la *Mars Society* – bleu, vert et rouge (je vous laisse deviner pourquoi) ; l'autre est le logo de la *Mars Society*. Finalement un badge avec notre nom est fixé par du velcro à la poche de poitrine de la combinaison.

À trois, enfiler ces scaphandres en faisant attention à chaque détail, nous a pris presque une heure et demie. Pas mal pour une première fois. Mais pas aussi bien que le premier équipage. Il avait fallu à ces quatre personnes près de trois heures pour se préparer à leur première sortie. C'est vrai qu'une fois dehors, nous ne sommes pas censés revenir parce qu'on a oublié quelque chose. La simulation doit être la plus fidèle possible. Ah oui ! j'oubliais un détail important. Pas de toilettes en sortie EVA. Donc, il faut prendre ses précautions avant de partir.

Nous nous engageons à trois dans le sas de décompression. C'est un peu serré mais ça passe, et nous attendons les cinq minutes pour simuler l'égalisation des pressions intérieure et extérieure. Nous ouvrons la porte extérieure à trois heures précises pour sortir du Hab et nous trouver nez à nez avec notre ami Bob de *Discovery Channel* et sa caméra. Aussitôt dehors, nous réalisons que les communications radio ne fonctionnent pas toutes malgré les *checks* que nous avons faits minutieusement avant de sortir. Quelque chose pose problème dans le système *Vox* qui permet l'activation automatique de la radio dans un sens, dès que vous parlez suffisamment fort. Ce mode consomme cependant plus de puissance des batteries, et apparemment il est difficile de recharger ces batteries dans le froid et l'humidité de l'Arctique. On décide pourtant de continuer étant donné que nous resterons dans le champ de visibilité de nos trois compagnons restés dans le Hab. Nous commençons notre recherche de fossiles. La plupart des rocs rencontrés datent du paléozoïque, c'est-à-dire entre 300 et 400 millions d'années. Certains sont des coraux ou des coquillages fossilisés, rescapés des fonds marins de quelques centaines de millions d'années. D'autres ont été projetés par l'impact de la météorite qui a formé le cratère et sont partiellement couverts par une couche de mousse gris verdâtre. Plus tard, Charles, notre expert biologiste, nous explique que ce sont des algues bleu vert, répondant au doux nom scientifique de *Gloeocapsa sp.*

Notre sortie EVA a duré un peu moins de deux heures, s'est déroulée sous la pluie et était relativement fatigante, puisque ce scaphandre est assez lourd et encombrant et rend tout mouvement naturel des bras et des jambes difficile à réaliser. Nous avons ramassé ces rocs avec un outil spécial constitué d'une pince au bout d'une tige maniée à la main, permettant ainsi au martionaute de ne pas trop se baisser en avant. À cause de la pluie et du froid, de la condensation est apparue à l'intérieur du casque, ce qui a rendu notre progression et la vision encore plus difficile, en plus des gouttes de pluie s'accumulant sur la surface extérieure de la visière. Pour couronner le tout, je me suis aperçu que, chaque fois que je me penchais, mon système d'amenée d'eau fuyait et que l'eau s'écoulait à l'intérieur de la combinaison, ce qui a rendu cette sortie EVA encore plus humide.

Au retour, nous avons suivi dans le sas la même procédure qu'à la sortie mais en sens inverse. Une fois à l'intérieur, nous avons délivré tous nos échantillons à notre biologiste qui a directement commencé à les analyser. Durant le débriefing de cette sortie EVA, il est apparu évident que toute activité conduite dans des conditions d'EVA prendrait plus du double du temps normal.

J'ai ensuite préparé le souper, qui a consisté en du thon froid à l'huile d'olive, du riz (chaud) et des haricots verts (chaud également). Pour dessert, des poires au sirop et des abricots. Pas trop mal pour un repas à base de boîtes de conserve.

Demain sera une autre longue journée, puisque deux sorties EVA sont prévues. Celle du matin sera motorisée pour aller reconnaître le terrain un peu plus loin que les alentours immédiats du Hab. Celle de l'après-midi nous permettra de conduire pour la première fois notre expérience sismique en conditions EVA dans la plaine de *Haynes Ridge*, devant le Hab.

Comme je dois encore envoyer mes rapports et que Kathy me prête bien gentiment son PC pour mes envois (mon *laptop* fonctionne toujours en mode réduit), je termine ici après une très excitante première journée dans notre habitat martien et je suis impatient d'entamer une autre journée d'exploration et de science sur le terrain martien.

Vladimir

Jeudi 12 juillet 2001, Jour 2

Deuxième jour dans notre habitat martien. C'était de nouveau une excellente journée très chargée. Le journaliste Frank Vizard, du journal *Popular Science*, a été invité à passer la nuit dans le Hab avec nous pour suivre le déroulement d'une journée typique à bord de celui-ci. Nous avons effectué une sortie EVA de quatre heures à trois personnes pour conduire notre expérience géophysique franco-belge. Le but de cette expérience était de vérifier la possibilité d'une méthode sismique pour détecter la présence d'eau souterraine sur la planète Mars.

La présence d'eau sur Mars est depuis longtemps un sujet de débat entre scientifiques et la question est loin d'être résolue[1]. L'eau ne peut pas exister à l'état liquide sur la surface de la planète à cause de la très faible pression atmosphérique martienne (à peine 7 à 8 millibars, soit à peu près 125 fois moins que la pression atmosphérique à la surface de la Terre). En effet, quand la pression ambiante diminue, l'eau se met à bouillir et à s'évaporer à des températures relativement basses. L'eau peut exister à la surface de Mars sous forme de glace, comme dans

1 Depuis lors, la sonde Mars Odyssey semble avoir découvert au printemps 2002 des signes indirects de présence d'eau gelée sous la surface de la planète.

les calottes polaires. Les scientifiques supposent que l'eau à l'état liquide peut exister sous le sol, capturée dans des poches souterraines. Si c'est bien le cas, il est important de pouvoir localiser ces poches d'eau pour deux raisons. Premièrement, un équipage humain une fois posé sur Mars pourrait utiliser cette eau souterraine d'abord pour sa propre consommation (pour boire, cuisiner, se laver...) et en la dissociant, pour produire de l'hydrogène (à utiliser comme combustible) et de l'oxygène (à utiliser comme comburant et pour respirer). Deuxièmement, si de la vie devait être trouvée sur Mars, il est plus que probable que ce soit sous forme de bactéries et vraisemblablement pas de petits hommes verts comme on pourrait le croire parfois. Des bactéries ont été trouvées sur Terre dans les environnements les plus invraisemblables et les plus extrêmes : au fond des océans, à des profondeurs de plusieurs milliers de mètres et des pressions de plusieurs centaines de fois la pression atmosphérique, dans des volcans à des températures inimaginables, dans des lacs volcaniques à des taux d'acidité élevés, dans des glaces profondes, à très hautes altitudes (au-delà de 70 km), etc. Les bactéries peuvent ainsi survivre dans ces conditions extrêmes, sans air, mais jamais sans eau. Donc trouvez de l'eau et vous augmenterez vos chances de trouver de la vie.

Cette expérience géophysique a été proposée suite à une collaboration entre des scientifiques de l'Institut de Physique du Globe de Paris (IPGP), de l'Observatoire royal de Belgique à Uccle et votre serviteur. Cette expérience consiste à déployer une ligne de 24 senseurs, appelés des géophones, qui doivent être plantés fermement dans le sol et connectés à un câblage électrique de données, appelé « flûte », lui-même connecté à un système d'acquisition de données, une sorte d'ordinateur de terrain. Un mini-tremblement de terre est créé artificiellement en frappant une plaque métallique posée sur le sol avec une grosse massue, près d'un géophone de déclenchement. Les ondes de choc ainsi générées vont se propager dans toutes les directions, seront éventuellement réfléchies et réfractées sur une couche souterraine à la frontière entre deux types de matériaux différents. Tous les signaux, y compris ceux retournés par cette couche frontière, seront captés par les senseurs, conduits par la flûte et enregistrés par le système d'acquisition pour analyse ultérieure. De l'interprétation par calcul de ces données, on peut déduire plusieurs informations comme les différentes vitesses de propagation, la géométrie et la profondeur de cette couche frontière, et le type de matériau souterrain. C'est en fait le même type d'essai que les géophysiciens conduisent pour détecter les gisements de pétrole. Cette méthode de réfraction sismique pourrait être utilisée sur Mars pendant une première mission habitée pour détecter les gisements non pas de pétrole mais d'eau. Les scientifiques de Paris et de Bruxelles qui ont co-proposé cette expérience sont en fait déjà impliqués dans la préparation d'autres expériences automatiques qui voleront sur la mission franco-américaine Netlander qui sera envoyée vers Mars en 2007.

Le but de notre expérience pendant cette simulation n'est pas de tester la méthode (on sait qu'elle fonctionne) ni de trouver de l'eau près du cratère de Haughton, mais de vérifier s'il est possible de conduire ce type de recherche sur le terrain dans un environnement extrême en conditions EVA, c'est-à-dire en portant une encombrante combinaison EVA, avec des gants, des bottes et 15 kg d'équipement sur le dos. Eh bien, croyez-le ou non, mais ça a marché ! C'était exténuant mais on a réussi à prouver que c'était faisable.

Nous avons commencé la journée par le traditionnel briefing du matin où toutes les tâches de la journée ont été réparties, tout en avalant quelques barres énergétiques. On n'aurait sans doute pas le temps de manger à midi. Vers 10h30, les quatre personnes prévues pour cette EVA ont commencé à s'habiller. Robert Zubrin, Kathy Quinn, Frank Vizard et moi-même étions ces quatre personnes. Frank a observé le début des opérations sur le terrain et est rentré après quelque temps. Charles Cockel, Bill Clancey et Steve Braham sont restés dans le Hab pour suivre et noter toutes les communications radio. Bill a en plus conduit ses observations sur les opérations de terrain pour ses recherches sur les facteurs humains pendant les sorties EVA.

Nous sommes sortis du sas à 11h15 pour charger les trois caisses d'instruments sur la remorque d'un ATV et nous nous sommes dirigés vers le même endroit où nous avions conduit la répétition générale il y a deux jours déjà. Pourtant, cela nous a pris beaucoup plus longtemps que prévu d'installer la flûte de géophones avec ces scaphandres EVA. À un certain moment, mon casque s'est totalement couvert de buée à l'intérieur suite à l'effort physique consistant à transporter et à installer ce matériel. Comme je ne pouvais nettoyer cette buée ni avec le nez, ni les oreilles, ni la tête, j'ai dû me résoudre à aspirer de l'eau de ma réserve dorsale et à la recracher sur la surface intérieure de la visière, et puis de rincer le tout en me penchant. Pas très hygiénique, mais ça a marché. Plus tard, il a commencé à pleuvoir et un vent d'ouest s'est mis à souffler en bourrasques. Quelques autres problèmes sont survenus, par exemple pendant les réglages préliminaires du système d'acquisition, je n'ai pas pu ajuster le niveau d'intensité de l'écran pour qu'il soit visible. Stupide et tout simple à faire au labo ou au bureau, mais essayez de faire ça avec des gros gants (style gants de ski), sous la pluie et dans le froid avec un casque à moitié embué. Pour ma défense, je dois dire que je n'arrivais pas à activer la touche sur le clavier avec un doigt ganté et que finalement, j'ai dû utiliser un autre outil non prévu à cet effet : un simple tournevis avec la pointe duquel j'ai finalement pu effectuer le réglage désiré. Cela nous a pris du temps mais nous avons pu continuer notre expérience. Nous avons fait les trois séries d'essais avec le mini-tremblement de terre généré au milieu et aux deux extrémités de la ligne de géophones. Chaque série d'essais comportait dix mesures après chaque coup de massue, que la géologue du MIT, Kathy Quinn, a maniée de main de maître, en évitant à chaque fois de taper sur le géophone de déclenchement.

Après avoir terminé ces mesures, il était grand temps de remballer le tout en évitant les nœuds et les entortillements dans la centaine de mètres de cablages éléctriques. Nous sommes retournés au Hab exténués, trempés de pluie et de transpiration et transis de froid mais contents de ce premier succès. Cette sortie EVA a finalement duré quatre heures et toutes les opérations depuis les préparatifs d'habillage jusqu'au déshabillage des scaphandres EVA ont pris plus de cinq heures au total. Fatigant mais très intéressant. Je suis impatient de pouvoir refaire une nouvelle sortie EVA. Probablement samedi.

Un mot sur notre vie de tous les jours dans le Hab. Ce matin, nous nous sommes réveillés avec une étrange odeur dans le Hab : le WC incinérateur n'a pas fonctionné proprement (c'est le cas de le dire) pendant la nuit et le réservoir a débordé. Un de nous (heureusement pas moi) a eu la tâche ingrate de nettoyer le tout et de réparer la plomberie. C'est encore une fois une anecdote triviale et je m'en excuse, mais cela montre une chose importante. Où que l'homme aille, il transportera avec lui ses problèmes quotidiens, même les plus déplaisants, et il faudra y faire face, comme un équipage devra le faire à bord d'un vaisseau spatial en route vers Mars. Pas moyen d'appeler le plombier entre la Terre et Mars. Il faut donc réparer soi-même. On aurait pu interrompre la simulation et sortir du Hab en attendant que cela soit nettoyé et réparé. Mais non, on a préféré rester et continuer la simulation suivant les règles : personne ne sort sans scaphandre EVA et il n'y a pas d'aide extérieure : on fait tout soi-même. Les qualités de bricoleur seront certainement bien placées sur la liste des exigences des candidats astronautes pour une première mission martienne.

La longue sortie EVA ayant consommé une grosse partie de la journée, le reste du temps a été passé à écrire les rapports scientifiques, les carnets de bord et les comptes rendus, entrecoupés d'interviews pour *Discovery Channel* et pour Frank Vizard. Le souper a été préparé par le très britannique Steve Braham et il ne s'en est pas trop mal sorti avec une combinaison de couscous aux légumes et de spaghettis à la sauce blanche au poulet. Surprenant, mais excellent quand on a faim. La météo est exécrable puisque la tempête souffle avec une forte pluie et une prévision de chutes de neige. Mais le moral est bon sur Mars en Arctique.

Avec mes salutations amicales et martiennes.

Vladimir

PS : Si vous n'avez pas trouvé les raisons des couleurs du drapeau martien dont je vous parlais hier, les voici : le bleu représente la Terre, le berceau de l'humanité ; le rouge représente la planète Mars bien sûr ; et le vert est la couleur que Mars prendrait éventuellement après les opérations de *Terraforming* rendant une atmosphère respirable à la planète rouge. Une autre raison : cette combinaison de couleurs a été choisie d'après la trilogie de romans de science-fiction *Mars la rouge, Mars la verte* et *Mars la bleue* de Kim Stanley Robinson, que je vous recommande.

Vendredi 13 juillet 2001, Jour 3

Troisième jour dans l'habitat martien. C'était une journée calme et relaxante. Rien à faire contre la météo polaire quand elle est mauvaise : il a plu et neigé tout au long de la journée. Impossible de sortir. Nous espérions pouvoir faire une courte sortie EVA jusqu'à la station météo près de la piste d'atterrissage pour remplacer certains composants électroniques, mais au vu de ce qui dégringolait du ciel et du niveau montant de la rivière en contrebas, l'idée a été remise à plus tard en attendant une météo plus clémente. Au lieu de ça, on a fait le ménage dans la maison et j'ai pris quelques photos pour mieux vous expliquer comment nous vivons à six enfermés dans le Hab.

Deux personnes ont pu prendre une douche aujourd'hui : Steve et Charles étaient les deux heureux élus, comme ils sont confinés dans le Hab depuis plus longtemps que nous. Une des expériences sur les facteurs humains auxquelles nous participons consiste à mesurer la quantité d'eau utilisée par un équipage de six personnes en confinement. On nous a demandé d'économiser l'eau pendant notre séjour. Il n'y a pas de restrictions pour la consommation directe d'eau, pour boire et manger, mais nous devons être parcimonieux pour le reste. Ce qui veut dire se laver dans un verre d'eau le matin et c'est (pratiquement) tout. Les douches pour les autres seront pour un autre jour. Et encore, il s'agit d'eau froide (comprenez : de la neige ou de la glace fondue) et les douches sont du style *Navy*, c'est-à-dire se mettre sous le pommeau de douche, ouvrir le robinet, se mouiller, fermer le robinet, savon, ouvrir le robinet, rincer, fermer le robinet. Et voilà. De toute façon, on s'habitue très vite à ce genre de vie et c'est parfaitement supportable : la lumière continue du jour, se laver à l'occasion, l'absence de nourriture fraîche, le confinement et la vie communautaire. Heureusement, nous nous entendons bien et il n'y a pas de conflit interpersonnel.

J'ai passé la matinée à vérifier les résultats de notre expérience de géophysique d'hier et à envoyer les données à mes collègues de Bruxelles et de Paris par e-mails, toujours à partir du *laptop* de Kathy. Cela a l'air fort intéressant, bien que nous n'ayons pas trouvé d'eau sous le cratère de Haughton. L'après-midi a été consacré à rédiger les rapports et à bouquiner. Robert Zubrin a insisté pour faire une partie d'échecs martiens, une sorte de mélange d'échecs, de jeu de cartes et de dés. Nous n'y sommes pas parvenus. Par contre, il m'a massacré aux échecs normaux. Je ne suis pas un grand joueur, simplement un amateur moyen, mais là je n'ai rien vu passer.

Durant le briefing de ce matin, notre commandant Zubrin a décidé qu'au vu du bon comportement de l'équipage ces trois premiers jours, nous aurions droit à une récompense et que ce soir nous pourrions regarder un DVD. Le choix de l'équipage s'est porté sur *Vertical limit* avec Sylvester Stallone. Comme je ne veux pas rater le début du film, ni la réunion prévue avant, je termine ici ce court billet. Voilà, malgré les éléments contraires, le moral va toujours et nous attendons la sortie EVA de demain.

Vladimir

Samedi 14 juillet 2001, Jour 4

Quatrième jour martien dans le Hab. Après notre journée calme d'hier cloîtrés dans le Hab à cause du mauvais temps, nous avons passé la soirée en famille. Nous avons d'abord tenu une réunion sur la situation sanitaire dans le Hab, en particulier sur les problèmes causés par la toilette. Eh oui, ce n'est pas encore fini ! Mais bon, on a pris les mesures qu'il fallait. Cet incinérateur n'est pas fait pour fonctionner pour six personnes et il semble bien que la production liquide de six personnes soit trop importante pour ce système. Donc nous avons construit un urinoir relié à un des fûts d'essence vides, et chacun utilise sa bouteille personnelle pour... enfin, vous voyez ce que je veux dire. Bon, ça a l'air de marcher. Ensuite, le problème des sacs-poubelles pour cet incinérateur. Normalement, on utilise un sac en papier imbibé qui aide à brûler les déchets naturels solides. Là aussi problème, car nous sommes tombés à court. À la place on utilise donc du papier, ce qui augmente les risques d'incendie. Mais bon, encore une fois, ça marche. On n'allait pas arrêter l'exploration spatiale de Mars pour des problèmes de tuyauteries et de toilettes. Mais ça montre bien l'importance de cette facette de la vie humaine en société. Je commence à soupçonner les premiers ingénieurs romains qui ont inventé les vespasiennes et plus tard les égouts d'être des bienfaiteurs de l'humanité. Mais on peut se poser quand même la question suivante : par où doit passer la science en marche...

Après nous être un peu énervés sur ces sujets, nous nous sommes détendus en regardant *Vertical limit*. La projection de ce DVD sur le mur circulaire du Hab nous a procuré une séance de cinéma un peu bizarre, surtout avec le soleil de minuit toujours au zénith au-dehors. J'avais emporté avec moi une boîte de pralines belges et c'était sans doute le meilleur moment pour les savourer et montrer que les pralines belges restent les meilleures au monde, même sur Mars en Arctique. Je suppose que ça a également aidé à détendre l'atmosphère.

Cette journée était encore fort chargée. Ce matin, nous avons conduit notre troisième sortie EVA. Bien que le début ait été prévu à 9h30, nous avons pris un retard de deux heures. En cause : des problèmes de puissance électrique dans le Hab et des problèmes de batteries pour les radios portatives. L'électricité est fournie par un générateur fonctionnant à l'essence et qu'il faut remplir régulièrement. Steve, l'ingénieur en charge du bon fonctionnement technique de la simulation et du Hab, s'occupe de chouchouter ce générateur qui, comme ce matin, se montre parfois capricieux. Un problème de surcharge et de fusibles, finalement résolu. Notre sortie EVA était une sortie motorisée à quatre personnes. Notre biologiste Charles Cockell était le commandant de l'expédition, Bill Clancey, Kathy Quinn et moi-même étions les autres membres de cette sortie EVA. Nous sommes partis avec quatre ATV, accompagnés de loin par Joe Amaralik, le chasseur inuit et son *shotgun*, au cas où nous rencontrerions un de ces plantigrades au poil blanc.

Le but de cette sortie était d'installer à l'intérieur du cratère de Haughton quelques dosimètres pour mesurer le rayonnement cosmique et de ramasser quelques échantillons microbiens. Nous nous sommes donc aventurés dans le cratère, nous attendant à être bloqués par la boue à tout moment. Mais nous sommes arrivés sans problème à destination, le lac Trinité près de la Colline de Brèches sans devoir descendre de nos ATV. L'installation des dosimètres s'est passée sans anicroche. Nous en avons installé sur différents types de sols, sous le sol, sous quelque 30 cm de cailloux de brèches, près du lac et dans le lac sous 30 cm d'eau. Il est important de pouvoir mesurer correctement l'exposition aux radiations sur Mars, comme cette planète a un très faible champ magnétique, pratiquement négligeable comparé à celui de la Terre. Sur notre planète, le champ magnétique naturel nous protège de ces radiations en déviant les rayonnements énergétiques du Soleil et du cosmos. Par contre, le champ magnétique de Mars étant négligeable, ces rayonnements arrivent quasiment de plein fouet sur la surface de la planète, ce qui a des conséquences importantes pour l'évolution ou la disparition d'une éventuelle forme de vie primordiale martienne et pour la protection des premiers équipages humains. De plus, l'île de Devon étant située près du pôle Nord magnétique (à peu près 200 km), il était également intéressant de mesurer l'intensité du rayonnement cosmique atteignant la surface de la Terre aussi près du pôle, là où les lignes de force du champ magnétique terrestre sortent du sol et procurent une moindre protection naturelle contre les rayonnements.

L'autre but était de ramasser des échantillons microbiens vivant dans les rochers et dans le lac pour les analyser une fois de retour dans le Hab. En revenant vers le Hab, nous avons également profité de cette sortie EVA pour reconnaître le terrain en vue d'un second déploiement de notre flûte de géophones. Quatre sites furent visités, trois dans le cratère : le premier près du lac Trinité, le deuxième au fond d'une petite dépression à l'intersection de deux ruisseaux et le troisième sur le bord intérieur du cratère ; et, finalement, le dernier sur le bord extérieur du cratère. Aucune décision n'a été prise pour le moment et nous évaluons d'autres possibilités, en tenant compte de l'évolution de la météo. Comme vous le savez maintenant, c'est un facteur important dans l'Arctique. Le temps aujourd'hui était très venteux, venant du sud avec une vitesse de 60 km/h et une température sous abri de 4 degrés (mais bien sûr, rien ne vous oblige à rester sous abri...). Les prévisions pour lundi ont l'air plus favorables que celles de demain, et comme le déploiement des géophones en scaphandre EVA est assez éreintant, nous pourrions décider de reporter le tout à lundi, ce qui nous laisserait encore demain pour faire une autre sortie EVA exploratoire. De plus, nous voudrions si possible faire le sondage géophysique d'une poche de glace souterraine, une *pingo*, mais nous ne savons pas avec certitude où en trouver et si nous pourrions l'atteindre éventuellement avec les ATV. Et donc, on cogite.

Ce soir, on nous a promis une douche. Yahooo ! La première depuis que j'ai quitté Resolute il y a juste une semaine, et il est temps. De plus, si tous nos rapports sont finis à temps, on pourra regarder un autre DVD ce soir, c'est pourquoi aujourd'hui, je vais terminer ce rapport plus tôt. Notre commandant Zubrin nous prépare le souper. Surprise, paraît-il, mais on craint le pire !

Le moral est toujours bon (enfin, on verra après le souper...), les quelques pralines belges restantes sont toujours aussi délicieuses, et je cours à la douche. À demain.

Vladimir

Dimanche 15 juillet 2001, Jour 5

Cinquième jour dans l'habitat martien.

Bonne nouvelle ! Nous avons survécu la nuit dernière à la sauce spaghetti de notre commandant, faite à base de corned beef. Nous n'avons pas regardé de DVD hier soir comme promis, mais nous avons vécu une bataille épique entre l'homme et le générateur. Steve Braham, notre chef ingénieur, faisait l'aller et retour entre le Hab et le générateur, essayant de le redémarrer chaque fois qu'il tombait en panne, ce qui arrivait en moyenne toutes les 15 minutes. On a craint un moment que le générateur finisse par gagner et nous allions commencer à prendre des paris. Mais, finalement, rajouter de l'essence a suffit à le faire redémarrer. Eh oui, le réservoir était simplement vide... Ah ! la technique !

Notre quatrième sortie EVA était une expédition de trois personnes qui a duré deux heures et demie. Le commandant Zubrin, la géologue Kathy Quinn et moi-même sommes partis en exploration à la recherche de nouveaux terrains à sonder par notre méthode sismique et, toujours accompagnés de Joe, le chasseur inuit d'ours. Nous nous sommes dirigés vers la *Planitia Von Braun*, une longue plaine caillouteuse pas trop loin du Hab, bien qu'il nous ait fallu plus d'une demi-heure pour y arriver en ATV et traverser la rivière gonflée par les pluies de ces derniers jours. Deux endroits intéressants ont été visités, ni trop boueux ni trop caillouteux. En poussant un peu plus loin, nous sommes arrivés au bout de la plaine, avons traversé une autre rivière et essayé d'escalader le versant de l'autre côté. Le commandant Zubrin m'a laissé guider cette sortie, puisque je suis censé être l'expert apte à décider de l'endroit le plus propice pour notre expérience. Je suis passé le premier et ai tenté de me faufiler à travers une couche de neige et de rocher. Mal m'en pris, car j'ai failli me retrouver les quatre fers en l'air, avec l'ATV sur moi. Nous avons alors décidé de retourner et de rentrer par un chemin plus sûr.

Pendant le débriefing, nous avons discuté des mérites et désavantages de chacun des endroits visités, et nous sommes arrivés à la conclusion que l'endroit le plus intéressant serait à l'intérieur du cratère, à l'intersection des deux petits ruisseaux, dans une petite dépression. Plusieurs raisons nous ont poussés à cette décision. La première : tous les endroits visités étaient soit relativement boueux, soit couverts de cailloux. Deuxièmement, toute cette région est constituée principalement de dolomite, une sorte de roche de carbonate et magnésium ; donc répéter l'expérience sur le même type de sol qu'il y a quelques jours n'apporterait pas de nouveaux résultats. Troisièmement, bien que nous aurions préféré conduire notre expérience au-dessus d'une poche de glace, nous n'avons pas pu en localiser une avec certitude dans la *Planitia Von Braun.* Et quatrièmement, la facilité d'accès en ATV avec la remorque et les 130 kg d'instruments était un facteur déterminant du succès de cette manip, et il semble que le cratère soit plus facilement accessible actuellement que les environs du Hab. De plus, conduire une expérience sismique dans un cratère naturel est assez séduisant puisqu'il sera certainement intéressant pour les premiers astronautes sur Mars de mesurer la composition des structures souterraines dans certains cratères martiens. Donc demain, cap sur le cratère.

En plus, on voudrait conduire ces mesures géophysiques avec deux sources sismiques : la massue déjà utilisée et un fusil géophysique, permettant de tirer verticalement une cartouche dans le sol, créant ainsi le mini-tremblement de terre. Ce sera une longue expédition EVA, certainement cinq heures ou plus. Donc ce soir, tôt au lit. Comme nous n'avons pas eu de DVD hier soir, nous en regarderons un ce soir. Et devinez quoi ? Ce sera *Mars attacks !*, idéal pour rester dans l'ambiance.

Et voilà, encore une fois, tout va bien à bord. Je suis malgré tout un peu déçu, puisque jusqu'à présent, je n'ai pas encore vu d'ours polaire. Mais qui sait ? Il reste encore deux jours d'expéditions. Charles est notre cuistot de service ce soir et ce sera du riz au *chili con carne* et, comme dessert, un mélange des dernières pralines belges et de fruits confits en conserve. Pourquoi pas après tout ? Sur Mars, faisons comme les Martiens, et en Arctique, comme les chocolats glacés (oui, je sais, c'est facile, mais ça fait quelques jours que j'attendais pour la placer).

Je vous salue depuis un très humide et très embrumé cratère de Haughton.

Vladimir

Lundi 16 juillet 2001, Jour 6

Sixième jour dans l'habitat martien.

Après les « quack, quack » de *Mars attacks !* d'hier soir, nous nous sommes réveillés et adressés les uns aux autres ce matin en continuant à « quack-quacker ». Ce qui montre bien que notre humeur est optimale pour la sortie EVA la plus importante de notre simulation. Notre intention est de déployer la flûte de géophones dans deux directions perpendiculaires dans le cratère de Haughton, et de conduire six séries de mesures, chacune incluant dix secousses causées par la massue et une causée par le fusil géophysique. Quatre personnes ont été désignées pour cette sortie EVA d'au moins cinq heures. Kathy Quinn a laissé sa place à Charles Cockell, vu que sa connaissance du cratère pourrait nous être utile. Les trois autres étaient Robert Zubrin, Bill Clancey et moi-même.

Après avoir préparé un petit déjeuner chaud (c'est-à-dire après avoir jeté le contenu d'une boîte de corned beef dans une casserole) et avalé le tout, nous avons commencé à nous préparer vers dix heures. J'ai demandé par radio au manager du camp de base, Joe Schutt, de revoir avec moi les procédures d'utilisation du fusil géophysique, qui utilise les mêmes cartouches que les *shotguns*. Après avoir chargé la remorque avec l'instrumentation, nous étions prêts à partir vers 11 heures. Charles ouvrait le chemin, je suivais sur l'ATV avec la remorque et les 130 kg de matériel, Robert et Bill fermaient la marche. Le temps était nuageux, pluvieux et la brume s'effilochait par endroit. Pas vraiment un temps idéal, mais sur Mars non plus, il ne fera pas beau tous les jours. Nous nous attendions à rencontrer de la boue et les instructions de Charles et les miennes étaient claires : respectivement éviter la boue et surtout ne pas s'arrêter dedans !

Oui. Facile à dire ! La boue, on en a trouvé. Mais c'est elle qui nous a arrêtés. Une énorme mare de boue invisible de loin. Comme je conduisais cet ATV le plus rapidement possible pour éviter d'être embourbé, ma vitesse a commencé à diminer graduellement et désespérément dans ce bourbier. Mais à la défense de Charles en tête du convoi, l'endroit paraissait sec de loin, et lui est passé sans problème, mais pas mon ATV tirant la remorque et ses 130 kg. Finalement arrêté, j'ai senti l'ATV et la remorque s'enfoncer dans la boue. Je suis descendu de mon ATV, et me suis immédiatement enfoncé dans la boue ! Jusqu'aux genoux ! Incroyable ! J'avais de plus en plus de difficultés à bouger, comme aspiré dans cette boue. J'ai directement pensé à la succion de sables mouvants. Exactement le même effet ! Heureusement, les autres, après avoir échappé au même sort sur leur ATV, sont venus à ma rescousse. Après avoir échangé quelques mots sur ce qu'il fallait faire, ou remorquer mon ATV et la remorque avec leurs ATV ou décharger la remorque et laisser les caisses dans la boue, nous avons essayé toutes les combinaisons possibles en poussant et tirant à la main ou avec les autres ATV, mais sans résultat. C'était désespérant. Chacun à son tour tombait dans la boue et il fallait s'aider mutuellement à s'extraire de cette gangue gluante et visqueuse avant d'y retomber soi-même. Après près d'une heure de chutes, de discussions embourbées et de tentatives boueuses, nous avons dû nous résoudre à demander de l'aide extérieure. John Schutt et l'équipe de *Discovery Channel* nous accompagnaient, l'un avec son *shotgun* pour nous protéger des ours, les autres avec leurs caméras pour fixer cette Bérézina pour la postérité.

John nous a finalement lancé deux rouleaux de cordes qu'il avait eu l'intelligence de prendre avec lui et nous a suggéré d'attacher deux cordes à mon ATV maintenant enfoncé jusqu'à la selle et de le tirer avec les trois autres ATV. La remorque, elle, avait sombré jusqu'à la caisse. Tout le monde était dans la boue jusqu'à mi-cuisse. Je me suis demandé pourquoi nous ne nous enfoncions pas plus profondément et pourquoi j'avais si froid aux pieds. Et puis, j'ai compris. D'abord nos combinaisons EVA ne sont pas étanches, donc l'eau s'infiltrait à l'intérieur de la combinaison et dans nos bottes. Et puis, la raison pour laquelle nous ne sombrions pas plus profondément était simplement que nous étions debout sur la couche de pergélisol, la couche de terrain gelée en permanence sous ces latitudes polaires.

Finalement, en unissant les efforts des trois autres ATV et en poussant à l'arrière, le tout a commencé à bouger, doucement. Mon ATV est remonté à la surface tout en avançant, lentement, pour finalement arriver sur la terre ferme, quelques mètres plus loin. Pendant ce temps, après avoir poussé à l'arrière de la remorque, je suis tombé à quatre pattes dans la boue et, encore une fois, impossible de bouger. Un des fils de la radio ayant été arraché lors d'une chute précédente, appeler était inutile, et de toute façon, sans les mains, pas moyen d'activer le bouton poussoir de la radio. Encore une fois, je me sentais aspiré par cette boue, mais cette fois à quatre pattes. Heureusement, un de mes compagnons d'infortune encore debout m'a aperçu et est venu aussi vite que possible me prêter une main secourable. Une fois dégagés et revenus sur terre ferme, nous avons fait le point. Ce n'était pas fameux : nous étions tous couvert de boue, la visière presque totalement recouverte, sans radio, donc plus moyen de parler ni de communiquer par gestes ; nous avions perdu plus d'une heure et demie et nous étions exténués de nous être battus avec cette boue. De plus, la météo continuait à se dégrader. Nous avons donc pris la seule décision possible : avorter l'expédition et retourner au Hab. J'étais mécontent et frustré de cette situation, car cela voulait dire renoncer à conduire notre expérience et revenir les mains vides, sans mesures et sans résultats. Je n'aime pas cela et je déteste abandonner. Mais vu les circonstances et les éléments contre nous, je suis persuadé que c'était la meilleure chose à faire. Retourner au Hab, se mettre au chaud et récupérer nos forces.

Mais cela ne devait pas arriver aussi facilement. Ayant fait demi-tour par un autre chemin, et roulant prudemment à cause de la boue sur nos visières, l'ATV avec la remorque que je conduisais s'est de nouveau embourbé dans une autre mare de boue encore une fois invisible de loin. C'était un véritable cauchemar. Incroyable ! La dernière fois que cela m'était arrivé, c'était en Afrique il y a près de vingt ans, en moto et en jeep à cause de pluies torrentielles et de la boue de latérite. Mais ici, en Arctique, personne n'aurait pu imaginer que nous aurions eu tellement de pluie et de boue qui rendaient tout mouvement et déplacement tellement difficile.

Encore une fois, connaissant la musique maintenant, nous sommes arrivés à sortir l'ATV et la remorque hors de la boue et, toujours en mode EVA, c'est-à-dire en gardant nos scaphandres EVA sur nous. Encore une fois, après avoir poussé la remorque, je suis tombé dans la boue à quatre pattes, mais cette fois avec la boue jusqu'aux hanches et épaules, dans 50 cm de boue, touchant le pergélisol. Encore une fois, quelqu'un est venu à ma rescousse et encore une fois nous sommes repartis.

Enfin, nous sommes arrivés au Hab, exténués, et après être rentrés, un fou rire général nous a tous pris à nous voir ainsi transformés en statues de boue. Kathy et Steve, restés dans le Hab et inquiets d'être sans nouvelles par radio, nous ont regardés comme si nous étions devenus fous. Il nous a fallu encore plus d'une demi-heure pour nous extraire de nos scaphandres et des vêtements que nous portions par-dessous, trempés de boue et d'eau sale quasi gelée. Petit à petit, nous

nous sommes réchauffés, lavés, restaurés et sentis redevenir humains à nouveau.

Andy Liebermann, le responsable de l'équipe de *Discovery Channel* qui nous accompagnait, était aux anges. Il avait tourné les meilleures images de la semaine. Nul doute qu'il allait exploiter ce désastre et le présenter comme l'histoire d'un équipage perdu en expédition dans la boue martienne (bien qu'il n'y en ait pas sur Mars...). Nous avons décidé de nous accorder deux heures de repos avant de débriefer. En attendant, les gars de *Discovery Channel* nous ont interviewés individuellement à tour de rôle pour avoir notre histoire racontée par chacun des rescapés de cette sortie mémorable. Au débriefing, étant malgré tout mécontent de l'issue négative de cette expédition, revenant sans résultats, j'ai fait la remarque que nous aurions pu choisir une autre voie, ou demander du secours extérieur plus tôt, ce qui nous aurait peut-être permis de continuer malgré tout. Mais bon, ce qui est fait est fait et il est inutile de revenir sur le passé. Néanmoins, tout le monde est tombé d'accord sur le fait que c'était la sortie la plus difficile, que personne n'aurait pu imaginer tant de boue cachée et que c'était la pire des expériences boueuses de toutes les campagnes en Arctique. Bien sur, il n'y a pas de boue sur Mars, et en tant que telle, cette simulation de sortie EVA n'était pas représentative des activités martiennes ou des conditions que les astronautes rencontreraient sur Mars. Cependant, de toute expérience, positive ou négative, on peut toujours tirer une conclusion, quelque chose à retenir. Dans ce cas-ci, la manière dont le groupe a réagi dans ces conditions adverses et les interactions entre les quatre membres de l'équipage ont pu être recueillies de l'intérieur par Bill Clancey. Nul doute qu'un équipage humain sur Mars devra faire face à des situations critiques sur le terrain, et la manière dont nous avons réagi face à ces situations répétées et inattendues a permis de mettre en évidence plusieurs facteurs importants : les communications interrompues avec la base et entre nous, le besoin d'amélioration du système de visière (essayez de frotter une visière boueuse avec des gants boueux et vous n'y verrez toujours rien), la chaîne de décisions plusieurs fois interrompue, etc. Tout ceci devra être analysé en profondeur au cours des mois à venir. Donc, dans ce sens-là, c'était malgré tout une journée instructive. Mais malheureusement pas pour notre expérience de géophysique. Nous avons quand même décidé de nous donner une deuxième chance le lendemain, si le temps le permettait, et de redéployer la flûte de géophone sur le *Haynes Ridge* devant le Hab pour compléter la caractérisation tridimensionnelle de la structure souterraine du bord du cratère. Et tant pis pour le cratère. Il continue de pleuvoir et le brouillard s'épaissit.

Avec nos salutations martiennes et boueuses.

Vladimir

Mardi 17 juillet 2001, Jour 7

Septième et dernier jour dans l'habitat martien.

Ceci est ma dernière contribution à ce journal de bord. Il est minuit pile et je suis de retour à Resolute. Le ciel est d'un bleu éclatant et le soleil de minuit brille toujours haut dans l'azur. Encore une fois, quelle journée ! Il me semble que chaque jour passé dans l'Arctique est exceptionnel, dans un sens ou dans l'autre. Et quel temps splendide aujourd'hui ! Comme dit ce vieux proverbe inuit qu'Aziz vient d'inventer : « Si le temps ne vous plaît pas, attendez cinq minutes, il finira bien par changer. » Eh bien, il a changé, du tout au tout comparé à la misérable bruine et à la boue d'hier ! Mais laissez-moi commencer par le début, c'est-à-dire hier soir.

Après avoir terminé nos rapports quotidiens, tout l'équipage avait le moral un peu en baisse et était fatigué après la désastreuse sortie dans la boue du cratère. L'idée de pouvoir refaire la manip le mardi après-midi m'a réconforté : finalement tout n'était pas perdu. Nous nous sommes également remontés le moral avec du saumon (en conserve) et des spaghettis préparés par Bill et nous avons suivi les aventures désopilantes des *Monty Pythons* à la recherche du *Sacré Graal*. Bien que ça date un peu, ce DVD nous a encore bien fait rire.

Ce matin, nous réveillant sous un ciel bleu, il était temps de remplir les questionnaires psychologiques de la Nasa et du Dr J. Lapierre, psychologue de l'Univesité du Québec. On a commencé plein d'enthousiasme mais après une heure, nous nous sommes rendu compte que cela nous prendrait beaucoup plus de temps de notre dernière journée que prévu. De plus, nous avons été informés par radio qu'il n'y aurait qu'un seul avion faisant l'aller-retour de Resolute à l'île de Devon pour aujourd'hui et demain, et qu'il partirait ce soir à six heures. N'est-ce pas étrange : la météo est mauvaise, l'avion ne peut pas voler ; la météo est bonne, l'avion est occupé à desservir les autres stations arctiques et ne peut pas venir à Devon. Je dois absolument attraper cet avion puisque je prends un autre avion pour rentrer de Resolute à Edmonton jeudi matin à 4h30.

Et soudainement, c'était le rush, pour tout empaqueter et fermer les sacs et pour nous préparer à notre dernière sortie EVA de cet après-midi. Nous avons laissé les questionnaires pour plus tard et on s'est concentré sur le nettoyage des scaphandres EVA de la boue séchée d'hier.

La sortie EVA de cet après-midi était de nouveau une sortie à trois personnes : Robert Zubrin, Kathy Quinn et moi-même, sortie qui a duré deux heures et demie. Nous sommes partis sur le *Haynes Ridge* devant le Hab pour redéployer notre flûte de géophones dans une direction perpendiculaire au bord du cratère pour terminer le sondage tridimensionnel de cette partie du sol. Il faisait assez chaud, 8 degrés (au-dessus de zéro !) et de nouveau, nous avons transpiré et étions assez exténués, mais à cause de la chaleur cette fois. Des journalistes et cameramen de CNN venaient d'arriver et nous avons arboré notre plus beau sourire, bien que ça ne se verrait sans doute pas à la télé, et nous avons terminé de collecter toutes les données. Ces données seront envoyées ce soir par e-mails à mes collègues de l'Institut de Physique du Globe à Paris et de l'Observatoire royal de Belgique à Uccle pour de plus amples analyses. Nous sommes rentrés juste à temps pour terminer d'emballer le tout avant de quitter le Hab. Les trois caisses d'équipement géophysique étaient encore toutes pleines de boue de notre sortie d'hier et je n'aurais pas le temps de les nettoyer avant de les charger dans l'avion de retour. J'espère que mes collègues de Paris qui nous ont prêté le matériel comprendront les circonstances difficiles dans lesquelles nous avons opéré ici.

Le nouvel équipage est arrivé à Devon hier soir lundi et le passage de témoin est prévu ce soir à 21 heures, sauf pour moi qui partirai immédiatement pour le camp de base pour attraper l'avion de six heures. Quel étrange sensation de pouvoir se promener pour la première fois dehors sans scaphandre et casque encombrants. Et quels sentiments mélangés de joie et de tristesse de quitter le Hab et l'équipage avec lequel j'ai partagé cette expérience unique et de retourner vers la civilisation.

Au camp de base, j'ai enfin rencontré le Dr Pascal Lee, le chef de projet scientifique Haughton Mars Project du centre Ames de la Nasa. Nous avons discuté des possibilités de collaboration dans le futur et ces possibilités semblent fort intéressantes. Au camp de base, j'ai partagé avec tout le groupe présent sur Devon le repas du soir consistant en une omelette mexicaine géante avec des poivrons verts, des haricots noirs et de la sauce salsa. J'ai discuté longuement avec le nouvel équipage et nous avons parlé de l'expérience de vie dans le Hab. Et soudainement, il était temps pour moi de quitter l'île de Devon. L'avion était là et tout l'équipement était déjà embarqué. Les scientifiques, ingénieurs, cuisiniers, managers du camp, tout le monde a donné un coup de main pour décharger et recharger l'avion, l'unique lien entre cette île déserte et le reste du monde. J'ai serré les mains de tout le monde et nous avons échangé nos souhaits de rester et de partir, et voilà que nous décollions dans l'infini du ciel bleu.

Quel endroit magnifique vu du ciel, avec une vue éblouissante de ce désert arctique, des taches de neiges et ce mélange de brun et de gris. Déjà, le Hab s'éloigne, un petit point blanc sur le bord de cet immense cratère, si semblable à Mars par son aspect rugueux et déchiré, et en même temps si hospitalier, à la différence de Mars.

En volant au-dessus de la mer gelée, nous avons aperçu un énorme iceberg emprisonné dans la glace. Après avoir atterri à Resolute après un vol de 45 minutes, Aziz et Colleen Lenahan étaient là pour nous accueillir. Il faisait très chaud, douze degrés, presque insupportable.

J'anticipais déjà le plaisir d'une première douche chaude à l'hôtel d'Aziz et cela fut encore mieux qu'espéré. Aziz m'a installé dans la chambre VIP pour les visiteurs revenant des stations polaires. La salle de bains de cette chambre avait un jacuzzi ... Oui, je l'avoue : j'ai eu une pensée émue dans le bain pour mes compagnons qui ce soir passeraient leur première nuit hors du Hab à dormir sous tente au camp de base et pour le nouvel équipage attaquant leur simulation avec le même enthousiasme que nous il y a une semaine. Les plaisirs simples de la vie prennent une tout autre dimension quand on en a été privé pendant un certain temps : une douche chaude, du savon, un bain, et ce soir un vrai lit, après presque deux semaines de sac de couchage, de camping et de douche éponges. Mais ne croyez pas que je ramollisse, j'aurais pu continuer encore quelque temps ce régime spartiate. Mais qu'est-ce que c'est bon quand ça s'arrête !

En faisant les comptes de ces deux semaines, c'était une expérience fabuleuse. J'ai rencontré des gens tellement intéressants et nous avons vécu des moments passionnants et inoubliables, parfois durs mais tellement enrichissants. On revient toujours plus riche de nouvelles expériences d'aventures comme celles-ci.

Un long voyage m'attend ces trois prochains jours. Après Devon - Resolute ce soir, ce sera Resolute - Yellowknife jeudi matin à 4h30 du matin, puis Yellowknife - Edmonton. Ensuite toute la journée à Edmonton à attendre l'avion Edmonton - Londres du jeudi soir et finalement l'avion Londres - Amsterdam de vendredi matin pour arriver vendredi après-midi à la maison. La semaine prochaine, je serai de nouveau reparti, mais cette fois en mission pour l'ESA. Je serai à Bordeaux pour participer à une campagne de vols paraboliques d'étudiants organisée par l'Agence. L'impesanteur pendant les paraboles de ces vols d'essai sera un peu comme celle que connaîtront les astronautes pendant leur voyage de retour de Mars vers la Terre (toute proportion gardée, bien sûr).

J'espère pouvoir revenir un (long) jour sous ces cieux arctiques, retrouver tous ces gens habitant ici, revoir mes collègues chercheurs et connaître à nouveau ce jour ininterrompu et la lumière constante, peut-être une de ces prochaines années.

Les derniers mots de ce journal de bord devraient être un vibrant « En avant, Mars ! ».

Vladimir

Chronique de simulations martiennes

EN AVANT, MARS !

▲ Le Hab de la station *Flashline Mars Arctic Research Station* (FMARS) installé sur l'île de Devon, encore sous la neige en avril 2001. (Photo: Mars Society)

▼ La géologue Kathy Quinn et Vladimir Pletser examinent un morceau de roc lors de la première sortie EVA du 11 juillet 2001. (Photo: R. Zubrin)

▲

La géologue Kathy Quinn manie la massue pour créer une secousse sismique qui sera enregistrée par l'ordinateur de terrain de l'IPGP que surveille Vladimir Pletser sous le regard de Robert Zubrin pendant la seconde sortie EVA du 12 juillet 2001. Le Hab est visible á l'arrière plan sous la pluie. (Photo: F. Vizard)

▼

Le biologiste Charles Cockell (à droite) explique à Vladimir Pletser comment placer les dosimètres, alors que Kathy Quinn revient des ATV dans le cratère de Haughton lors de la troisième sortie EVA du 14 juillet 2001.
(Photo: W.J. Clancey)

L'équipage porte un toast a Yuri Gagarine pour la "nuit de Yuri" du vendredi 12 avril 2002 devant le sas d'entrée du Hab.
(Photo: W.J. Clancey)

▲ Mercredi 10 avril 2002
Nancy Wood, la biologiste de l'équipage, montre l'enregistreur de données écologiques installé dans la serre.
(Photo : V. Pletser)

▼

L'auteur mesure un point GPS à côté du canyon de *Candor Chasma*.
(Photo : A. Fori)

▲ Jeudi 11 avril 2002
La biologiste Nancy Wood travaille dans le labo de biologie
au rez-de-chaussée du Hab.
(Photo : V. Pletser)

▼ Vue de la salle d'habillage
des scaphandres EVA au rez-de-chaussée du Hab.
(Photo : W.J. Clancey)

Vue du Hab MDRS, de la serre
et du drapeau martien
sous le soleil du premier jour.
(Photo: V. Pletser)

La géologue Andréa Fori observe des anciens sédiments dans le sol, probablement des ossements de dinosaures, lors de la sortie EVA du vendredi 12 avril 2002.
(Photo: W.J. Clancey)

▲
Nancy Wood et Vladimir Pletser en scaphandre EVA préparent les graines à planter une à une sur les supports appropriés dans la serre, lors de la sortie EVA du lundi 8 avril 2002.
(Photo: W.J. Clancey)

▶
Jan Osburg (à droite) et Vladimir Pletser, le pied sur la marque indiquent un point GPS dans le désert lors de la sortie EVA du samedi 13 avril 2002.
(Photo : D. Real)

▲ Dimanche 14 avril 2002,
la biologiste Nancy Wood installe des collecteurs d'échantillons sur un terrain rocailleux non loin du Hab.
(Photo : W.J. Clancey)

▼ Notre Chef Ingénieur Jan Osburg
sur son *laptop* au premier étage du Hab.
(Photo : W.J. Clancey)

▲ Lundi 15 avril 2002,
Vladimir Pletser mesure la taille des tiges des radis dans le living room du Hab.
(Photo : A. Fori)

▼

Vue de la tempête de sable depuis la lucarne du toit du Hab.
(Photo : W.J. Clancey)

▲ Mardi 16 avril 2002, la géologue Andréa Fori et Vladimir Pletser ramassent des échantillons de boue de la rivière *Muddy Creeek* pendant une sortie EVA.
(Photo : J. Osburg)

▼ L'auteur au sommet de la colline de Bruxelles, en route vers la rivière *Muddy Creek.*
(Photo: D. Real)

▲ Mercredi 17 avril 2002, notre Commandant Bill Clancey se fait photographier, photographiant le canyon de Lithe. (Photo: A. Fori)

Au retour de l'EVA, Bill Clancey (de dos) et la géologue Andréa Fori enlevent leur scaphandre EVA dans la salle de préparation du Hab. (Photo: J. Osburg) ▶

▲ Jeudi 18 avril 2002, après les dégâts à la serre causés par le vent, l'auteur vérifie l'état des cultures lors d'une sortie EVA.
(Photo: J. Osburg).

▲ Jeudi 18 avril 2002,
l'auteur devant la falaise du plateau de *Skyline Rim*,
impossible à passer en ATV.
(Photo : J. Osburg)

▲ Samedi 20 avril 2002, l'auteur démontre comment mettre le scaphandre EVA seul, sans aide exterieure, lors de la journée "portes ouvertes" devant une photographe. (Photo : W.J. Clancey)

Jan Osburg et Vladimir Pletser sortent du Hab devant les caméras lors de la journée "portes ouvertes". (Photo : W.J. Clancey) ▶

L'auteur escalade la colline des couguars, près du Hab et de la serre (à l'arrière plan). (Photo : S. Conway)

EN AVANT, MARS !

Après

Qu'avons-nous appris de cette simulation ?

Eh bien, beaucoup de choses ! Pendant les deux mois du court été arctique, six équipages se sont relayés dans le Hab et de nombreuses expériences ont été conduites. Il serait trop long de les reprendre toutes ici. Je renvoie le lecteur intéressé aux différents comptes rendus journaliers et aux rapports scientifiques qui ont été publiés au jour le jour sur le site web de cette première campagne de simulation de la *Mars Society*. Je ne parlerais que des quelques leçons que nous avons pu tirer de notre simulation d'une semaine dans le Hab martien.

D'abord, de manière générale, tous les équipages qui se sont succédé ont montré qu'il était possible pour des groupes de six personnes des deux sexes, de races, de cultures et de nationalités différentes de se côtoyer, de vivre et de travailler ensemble dans un environnement extrême et éprouvant, dans des conditions d'isolement et de rationnement d'eau, et dans des circonstances parfois difficiles. Bien sûr, une semaine, ce n'est pas très long, mais n'oublions pas que c'était la première campagne de la sorte. Les campagnes suivantes sont prévues pour des périodes plus longues, augmentant ainsi la durée du confinement et d'isolement et les difficultés psychologiques potentielles. La seconde campagne du printemps 2002 prévoit des séjours de deux semaines dans un nouveau Hab. La troisième campagne de l'été 2002 dans le Hab sur l'île de Devon prévoit un séjour de trois semaines, et une quatrième campagne au printemps 2003 dans le second Hab prévoit des séjours de quatre semaines. Ainsi, petit à petit, les aspects psychologiques liés à la dynamique de groupe dans des environnements extrêmes en simulation de mission martienne peuvent être étudiés de manière progressive.

Ensuite, d'un point de vue opérationnel, l'utilisation des scaphandres de sortie EVA nous a appris également pas mal de choses. D'un point de vue ergonomique, il est évident que la plupart des outils et instruments communément utilisés au sol ou au labo doivent être adaptés aux interfaces du scaphandre et des gants et bottes EVA. Par exemple, presser une touche sur un clavier d'ordinateur a requis un outil supplémentaire, comme un petit tournevis ou une pointe. Kathy Quinn, la géologue de notre rotation, avait adapté de manière permanente un petit tournevis en le collant avec de la bande adhésive à l'index droit de son gant, ce qui lui permettait d'activer et de consulter son récepteur GPS pendant nos sorties EVA. De même, de petits rétroviseurs montés sur l'avant-bras nous permettaient de voir en arrière pendant que nous conduisions les ATV, ce qui a beaucoup facilité la fin de notre rotation. L'activation de petits boutons ou l'installation de connecteurs électriques sur l'ordinateur de terrain ont requis également l'utilisation d'un autre outil, une pince-monseigneur en l'occurrence. Mais ces adaptations étaient évidentes et les instruments qu'une première expédition martienne emportera seront adaptés à ce type d'interfaces où l'opérateur humain n'a plus le contact direct avec les doigts.

Le design des casques des scaphandres devrait également être adapté pour permettre une meilleure vision dans le plan sagittal (le plan vertical de vision passant par le nez et étant perpendiculaire au front). Il était pratiquement impossible de voir ses propres poches ou la petite radio portative fixée à la ceinture ou à la poche de poitrine du scaphandre en baissant la tête. Nous avions utilisé un truc simple consistant à utiliser les poches d'un compagnon de sortie EVA plutôt que ses propres poches pour y mettre les outils utilisés ou les roches ramassées. Le design d'un casque EVA est un point difficile car il doit être suffisamment solide et résistant, mais en même temps permettre des mouvements de la tête et du tronc les plus naturels possibles. Mais de manière générale, le design des scaphandres EVA a toujours été une chose compliquée. Plusieurs générations de scaphandres se sont succédé depuis le début de la conquête spatiale des côtés russe et américain. La grande différence entre les scaphandres utilisés lors des missions spatiales en orbite basse autour de la Terre ou sur la Lune et ceux qui seront utilisés sur Mars est le temps total qu'un astronaute devra passer dans ces scaphandres. De quelques heures pendant les quelques sorties EVA en orbite basse ou sur la Lune, le temps de séjour des astronautes dans les scaphandres martiens passera à plusieurs heures régulièrement et pratiquement tous les jours pendant une année ou plus. Il faut donc que le design des scaphandres soit adapté à une utilisation plus longue et plus fréquente. Un concept modulaire avec des parties interchangeables qui permettrait des réparations plus simples et plus rapides serait souhaitable.

Un autre point est l'amélioration de la vision en fonction des conditions climatiques. Comme il nous est arrivé de nous embourber dans le cratère lors de cette sortie mémorable et lors de laquelle la boue a recouvert nos visières, certains points communs peuvent être trouvés avec des situations analogues potentielles sur Mars. Bien sûr, les astronautes martiens ne rencontreront sans doute pas de la boue, mais ils pourraient être pris dans une tempête de poussière martienne. Cette poussière pourrait être fort abrasive et abîmer la visière du casque, d'autant que les vents martiens peuvent également atteindre des vitesses importantes. De plus, la condensation du dioxyde de carbone, le composant principal de l'atmosphère martienne, causée par les différences de température avec le scaphandre, peut causer également le dépôt d'une buée formant une sorte de boue martienne sur la visière. Un système simple qui permettrait de nettoyer ou de brosser ce dépôt serait nécessaire, soit une simple brosse montée sur l'avant-bras du scaphandre, soit une série de films souples et transparents collés l'un à l'autre et qui seraient enlevables un à un dès que la visibilité n'est plus suffisante. Ce dernier système serait semblable à ce que les pilotes de motocross ont sur leurs lunettes et qui leur permet d'arracher une couche après l'autre suite aux éjections de boue.

Toujours sur le plan opérationnel, il nous est apparu très rapidement que si nous voulions conduire des sorties EVA d'exploration, il nous fallait non seulement un véhicule adapté mais également un moyen de retrouver notre chemin. Les ATV sont une excellente solution pour des déplacements relativement courts de quelques kilomètres ou quelques dizaines de kilomètres. Mais pour permettre aux premiers astronautes sur Mars d'explorer plus loin autour de leur base, il leur faudra en plus un autre type de véhicule, comme un char martien. Le concept qu'Hergé présentait dans *On a marché sur la Lune* d'un char lunaire est à cet égard excellent. Un véhicule pressurisé à l'intérieur duquel un équipage réduit de deux ou trois personnes pourrait opérer et se déplacer sans scaphandre, permettrait d'étendre le rayon d'exploration à plusieurs centaines de kilomètres, ce qui n'est pas négligeable. D'autre part, si nous avons déjà une bonne idée de la surface martienne, nous n'avons pas encore de carte topographique détaillée de Mars. Il n'existe pas encore de cartes au cent millième de la surface de Mars. Donc, utiliser un système GPS semblable à celui utilisé de plus en plus sur Terre pour la navigation non seulement des bateaux et des avions mais également des voitures privées, serait tout indiqué sur Mars. Une fois les coordonnées du point de départ introduites dans le petit ordinateur de bord, il n'y aurait plus qu'à conduire le véhicule en suivant les indications du GPS. Pour cela, il suffit de quelques satellites en orbite autour de Mars. Ainsi, nous suggérons fortement de monter sur chaque sonde martienne qui serait envoyée en orbite autour de Mars dans les années à venir un transpondeur GPS adapté. Cette solution simple mais tellement efficace faciliterait grandement les opérations sur le terrain martien.

Encore un point pour les opérations sur le terrain. Pour conduire notre expérience de sismique active, nous avions des procédures bien précises que nous devions suivre pas à pas pour choisir l'emplacement, installer les capteurs, dérouler les câbles, connecter les capteurs, configurer l'ordinateur d'acquisition de données et finalement conduire l'expérience elle-même. Ces procédures représentaient une dizaine de pages qu'il fallait consulter à tout bout de champ pour respecter l'ordre prescrit des opérations. Tenir ce fascicule de dix pages, lire et tourner les pages dans le vent et sous la pluie avec des gants de scaphandre EVA n'étaient pas choses faciles. Nous avons essayé différentes méthodes (se faire lire les différentes étapes à la radio par une personne restée au Hab, garder les différentes pages sous enveloppe plastifiée), mais aucune n'a été réellement probante. Il est suggéré d'envisager de monter sur la manche du bras gauche (pour les droitiers) du scaphandre EVA un petit ordinateur de poche, du style agenda électronique ou *organizer*, qui permettrait de faire dérouler un texte sur un écran à cristaux liquides activé par des touches sur un petit clavier adapté à la taille des doigts de gants EVA. Ce système est apparemment déjà à l'étude pour les scaphandres de sortie EVA pour les astronautes de la Station spatiale internationale, et serait des plus utiles dans des conditions climatiques difficiles comme celles que nous avons rencontrées.

Un autre aspect important qui a été mis en avant est le problème posé par les différents niveaux de communication et les systèmes de remplacement en cas d'indisponibilité d'un premier niveau. Initialement, nous devions être en communication avec un centre de contrôle de la mission basé à Denver au Colorado et toutes les communications auraient dû être conduites avec un délai de 20 à 30 minutes comme pour une mission réelle sur Mars. Malheureusement, la liaison satellite qui devait nous permettre de communiquer entre notre Hab sur l'île de Devon et le centre de contrôle à Denver n'était pas disponible pour cause de panne d'un système d'antenne. Nous nous en sommes remis aux communications par e-mails avec le centre de contrôle de Denver et par communication radio avec le camp de base situé à quelques centaines de mètres du Hab. Cela a suffi pour assurer les contrôles de routine et pour être tenus informés des problèmes inhérents à notre séjour sur l'île de Devon. Par contre, les communications radio entre les membres d'équipage et avec le Hab pendant les sorties EVA ont souffert de plusieurs problèmes techniques causés soit par des batteries insuffisamment ou mal chargées à cause du froid et de l'humidité ambiants, soit par de mauvaises connexions ou par des arrachages de fil entre l'élément récepteur et le microphone ou l'oreillette, soit par des boutons de réglage coincés ou impossible à activer avec des gants de scaphandre EVA. En attendant de pouvoir réparer ces problèmes, nous nous en sommes remis sur le terrain à des modes de communication dégradés, c'est-à-dire loin d'être optimum, mais cependant suffisants pour faire passer un niveau minimum d'information. Cette approche est certainement fort instructive car il est certain que sur Mars les astronautes auront aussi à faire face à des petits problèmes techniques de ce genre, sans pour cela devoir annuler complètement une expédition EVA. Nous avons testé naturellement, sans même y penser, deux types de communications dégradées qui nous ont paru évidents. Quand nous étions assez proches l'un de l'autre, mettre les casques l'un contre l'autre et crier à travers ceux-ci était parfois suffisant. Ce mode minimum sur Mars pourrait ne pas être impossible vu la présence d'une atmosphère, même à une faible pression. Le deuxième mode était de s'en remettre à des signaux par les mains ou les bras quand les interlocuteurs en scaphandres EVA étaient assez loin l'un de l'autre. Ce mode simplifié de communication est couramment utilisé par des opérateurs dans d'autres environnements extrêmes, comme des plongeurs en eaux profondes, ou des parachutistes en formation. Nous avons appliqué ce mode de signaux manuels en conduisant les ATV pour indiquer un arrêt, ou un virage, ou un ralentissement, ou un danger potentiel. Et également pendant notre expérience de sismique active, où un bras levé signalait que le premier armement du système d'acquisition était effectué et que l'opérateur de la massue (parfois à une centaine de mètres) devait se tenir prêt et que toutes les autres personnes dans les environs immédiats ne devaient plus bouger. Un deuxième bras levé signalait que le second armement était effectué et que l'opérateur de la massue pouvait taper sur la plaque au sol. Bien que très simple, ce mode a rapidement été préféré à l'avertissement verbal par radio vu sa simplicité, sa brièveté et sa compréhension immédiate par tous les martionautes présents sur le terrain.

Encore sur ce sujet, il serait intéressant d'envisager également de pouvoir communiquer non pas par messages vocaux par radio mais également par messages électroniques, un peu comme envoyer des SMS plutôt que de parler au téléphone portable. Ce système pourrait être couplé au petit ordinateur portable adapté à la manche des scaphandres EVA mentionné plus haut. Pour ceux qui ont vu le film, un système semblable était utilisé par le héros du film *Abyss* lors d'une plongée profonde.

En ce qui concerne les expériences conduites pendant notre rotation, eh bien, comme déjà dit, nous n'avons pas trouvé de poche d'eau souterraine, mais là n'était pas le but de l'expérience. Nous avons pu prouver qu'il était possible à un groupe de trois personnes en scaphandre EVA et convenablement entraînées de conduire une opération d'installation et de montage d'une expérience de sismique active impliquant la pose de 24 senseurs sismiques et de centaines de mètres de câbles, nécessitant plus de cinquante connexions électriques, la configuration d'un ordinateur d'acquisition de données sur le terrain et la conduite de dizaines de mesures sismiques à la massue. Ces opérations nécessitant de la précision et un ordre précis d'installation étaient extrêmement exténuantes, principalement à cause du poids supplémentaire de 20 kg du scaphandre et de l'encombrement de celui-ci.

Ceci a une conséquence capitale sur le scénario d'une mission martienne concernant le mode de propulsion du voyage interplanétaire Terre-Mars. Je m'explique. Deux modes de propulsion sont possibles : soit constamment propulsé, soit non propulsé ou balistique. Le mode propulsé est bien sûr plus rapide mais nécessite d'emporter avec soi la quantité nécessaire de carburant (hydrogène ou hydrazine) et de comburant (oxygène, tétraoxyde d'azote ou autre). Je ne parlerai pas des modes de propulsion exotiques du style voile solaire ou propulsion ionique, qui sont bien sûr possibles mais non envisagés actuellement par manque d'expérience pratique pour des missions habitées. Ces masses additionnelles de carburant et de comburant devraient être lancées depuis la Terre et grèveraient le budget de masse totale à envoyer en orbite terrestre d'abord, et en orbite d'insertion interplanétaire ensuite.

L'autre mode, non propulsé ou balistique, a l'avantage de ne pas devoir transporter une masse aussi considérable de carburant et de comburant : simplement ce qui est nécessaire à injecter le vaisseau interplanétaire sur une orbite de transfert vers Mars, autrement dit à lui donner une impulsion initiale, le reste du trajet se faisant suivant les lois de la mécanique céleste, en se laissant simplement aller après la poussée initiale. Durant la partie non propulsée, le vaisseau spatial et tout ce qu'il contient est en état de chute libre et connaît l'impesanteur : tout le contenu et les occupants du vaisseau flottent librement s'ils ne sont pas attachés à l'intérieur du vaisseau, sans contrainte et sans poids. Or on sait maintenant depuis plusieurs années que l'état prolongé d'impesanteur a des effets débilitants sur l'organisme humain. L'effet le plus important est une perte de minéraux du système osseux et une perte du tonus et du volume musculaire. Les os se déminéralisent, c'est-à-dire perdent principalement du calcium (en moyenne un dixième de gramme par jour, ce qui est beaucoup sachant que le corps humain contient en moyenne un kilogramme de calcium au total), et dans une moindre mesure du phosphore. Les muscles également ne devant plus combattre constamment la pesanteur terrestre pour assurer une position debout, vont s'affaisser et perdre leur volume et leur tonus. Un équipage d'astronautes soumis à six mois d'impesanteur risquerait de perdre tellement de minéraux osseux qu'il leur serait difficile d'atterrir sur la Terre ou sur Mars sans risquer de multiples fractures. Ces conditions ont été étudiées sur les astronautes et cosmonautes depuis de nombreuses années lors des missions Spacelab, des missions à bord de la défunte station Mir et à bord de la Station spatiale internationale. Les scientifiques étudient également ce qui est appelé dans le jargon spatial des « contre-mesures », c'est-à-dire un ensemble de pratiques permettant de combattre ces pertes minérales osseuses par un régime approprié enrichi au calcium, et surtout par une série d'exercices physiques. C'est ainsi qu'on demande aux astronautes de faire de une à deux heures de sport par jour en orbite, soit de courir sur un tapis roulant, soit de travailler avec des extenseurs, soit de pédaler sur une bicyclette ergonomique (ce qui est un peu paradoxal vu qu'ils se déplacent déjà à des vitesses de l'ordre de 28 000 km/h en orbite autour de la Terre !). Pour en revenir aux expéditions martiennes, un équipage venant d'atterrir sur Mars après plusieurs mois passés en impesanteur serait incapable de conduire sur le terrain des opérations scientifiques physiquement exigeantes (comme cette expérience sismique que nous avons conduite en sorties EVA) alors que c'est l'un des buts d'une mission d'exploration martienne. Donc, deux solutions possibles si l'on veut garder un mode non propulsé au vu des coûts d'emport de carburant et comburant : soit on fournit une pesanteur artificielle au vaisseau interplanétaire, soit on développe des contre-mesures efficaces pour permettre à l'équipage d'arriver suffisamment en bonne santé. La pesanteur artificielle peut être obtenue en mettant le vaisseau en rotation, créant ainsi une force centrifuge remplaçant la force de pesanteur, soit autour d'un axe du vaisseau ; soit encore mieux, en séparant le vaisseau en deux parties distinctes reliés par un câble, le tout mis en rotation autour d'un point plus ou moins central du câble. Quant aux contre-mesures, elles ne sont pas encore efficaces à cent pour cent pour leur confier la santé physique de l'équipage d'une mission interplanétaire. Notre compréhension des phénomènes causés par l'impesanteur sur l'organisme humain s'améliore à chaque mission spatiale, mais tous les détails de ces mécanismes ne sont pas encore compris et, *a fortiori*, les manières de les combattre ne sont pas encore parfaitement au point. Ces deux solutions devront vraisemblablement être appliquées ensemble dans le cas d'un mode non propulsé de voyage vers Mars.

Voilà déjà une conclusion fort importante pour le déroulement d'une mission martienne obtenue à partir d'une simple expérience conduite pendant une simulation au sol.

Une autre conclusion de cette expérience concerne la composition de l'équipage. Comme déjà souligné plus haut, les opérations de terrain en sorties EVA prennent beaucoup plus de temps qu'en environnement normal. Pour notre expérience de géophysique, plus de 80 % du temps passé sur le terrain l'ont été pour choisir le site de l'expérience, l'installation du matériel et la configuration des instruments nécessaires à la réalisation de l'expérience, et seulement 20 % pour la conduite de l'expérience elle-même. Ceci veut dire que le choix du site est capital pour optimiser les opérations sur le terrain et ne pas perdre de temps. Ceci était uniquement possible parce que l'expertise scientifique était présente sur le terrain. Ce type d'expérience ne peut pas être conduite par des opérateurs non entraînés et non guidés par un spécialiste du domaine scientifique. Il est donc absolument capital d'avoir des experts dans les domaines scientifiques qui seront explorés sur Mars, présents dans les équipages des expéditions martiennes, et pas simplement des opérateurs entraînés. L'expertise scientifique doit être présente sur Mars. À chacun sa part de travail, et il faut laisser aux scientifiques le soin de conduire le travail de recherche scientifique dans l'exploration spatiale.

D'un point de vue scientifique, les résultats de notre expérience de géophysique ont confirmé que les couches souterraines sur le bord du cratère de Haughton sont faites de dolomite, une sorte de roche faite de carbonate (une molécule contenant du carbone et de l'oxygène) de calcium et de magnésium. Ces données sont encore actuellement à l'étude et sont le sujet d'un mémoire de licence en physique d'un heureux étudiant. Néanmoins, cette expérience et les premiers résultats ont déjà été présentés lors de conférences internationales spécialisées à Houston, Stanford, Paris et Bruxelles et lors de quelques séminaires techniques à l'Estec. Les références sont données en fin de volume.

Nous avons également été rationnés pour l'utilisation de l'eau, pas pour la consommation directe mais pour les besoins de toilette personnelle et d'hygiène. L'hygiène n'en a pas trop souffert, mais cela nous a tous rendus conscients du gaspillage dans la vie de tous les jours quand nous nous lavons les mains ou nous brossons les dents, ou quand nous prenons une douche ou un bain. Au lieu de laisser couler l'eau du robinet, il serait si simple de tourner le robinet et de n'utiliser que la quantité d'eau strictement nécessaire pour ces menus besoins de toilette personnelle. Ainsi, en étant attentifs à ces petites choses et sans se priver pour la consommation directe, nous avons pu montrer que notre équipage a utilisé moins de la moitié de la quantité d'eau estimée par la Nasa pour un équipage en route vers Mars et vivant en autonomie à la surface de Mars. L'estimation de la Nasa était de 36 litres d'eau par jour et par personne. Notre consommation a été en moyenne de quinze litres d'eau par jour et par personne, ce qui est encore beaucoup quand on y pense, mais il faut y inclure également les quantités d'eau de cuisson des repas et de vaisselle et les courtes douches occasionnelles. Ce qui prouve qu'on peut réduire au moins de moité la quantité d'eau totale à emporter lors d'un voyage vers Mars. Encore une fois, mesurer une consommation réelle plutôt que de s'en remettre à une estimation non vérifiée est un aspect important de ce genre de simulation dans un environnement extrême représentant ce que les astronautes connaîtront sur Mars.

Finalement, quelques suggestions ont été faites pour l'arrangement intérieur du Hab. Tout le monde a remarqué le manque de « confort » d'utilisation des petites chambrettes qui nous étaient allouées. Non pas que nous nous attendions à quelques chose de spacieux et d'un confort digne d'un hôtel quatre étoiles, non, loin de là. La taille de ces petites pièces n'était pas le problème, mais plutôt l'arrangement intérieur et l'ergonomie de ces lieux n'étaient pas adaptés pour des séjours de longue durée. Entre autres, les armoires, les étagères, les rangements et les petites tables de travail faisaient cruellement défaut. Mais ceci était parfaitement supportable pour une courte période d'une semaine. Le manque d'aliments frais a fait également l'objet de plusieurs commentaires, mais aucune déficience en vitamines ou oligo-éléments n'a été constatée. D'abord la durée de la simulation était trop courte pour réellement constater ce genre de carence, et de plus des suppléments vitaminés étaient à disposition de chacun. Nous n'avons pas pu également observer une dégradation des sens du goût et de l'odorat : encore une fois la durée était trop courte. Il est bien connu cependant que les astronautes à bord des stations spatiales Mir et Internationale actuelle rapportent une diminution de ces deux sens, toutes les odeurs et tous les goûts se confondant et devenant indiscernables. Et puis en parlant d'odorat, tout le monde s'est accordé pour recommander de ne pas prévoir de toilettes incinératrices pour un voyage interplanétaire. Outre le risque accru évident d'incendie, les pannes fréquentes et le fait qu'un équipage de six personnes ne peut pas se passer d'un système aussi important font qu'un autre système plus fiable et plus efficace doit impérativement être envisagé.

Voilà quelques exemples des enseignements que nous avons pu tirer de ce court séjour en isolation. Il y en a d'autres bien sûr et tout ceci a été mis à l'étude suite aux six rotations qui se sont succédé dans cette base martienne en Arctique.

Je n'ai pas parlé des aspects psychologiques, d'abord parce que n'étant pas psychologue, ce n'est pas exactement mon domaine et je ne voudrais pas raconter des choses inexactes. Ce genre d'observations directes (par un suivi en temps réel des communications et des interactions entre les membres des équipages) et indirectes (par les questionnaires et interviews sur les impressions et les comportements) constituent un travail de longue haleine et il serait inutile d'essayer de dégager des conclusions partielles. Tout ce que je puis vous dire, c'est que nous n'avons pas eu de problèmes interpersonnels et qu'au contraire, tous les membres de notre équipage avaient l'impression que nous formions un groupe cohérent et interagissant de façon constructive, même dans les deux ou trois moments difficiles que nous avons traversés.

Ceci est, je pense, la meilleure conclusion que nous puissions tirer de cette simulation. L'exploration de Mars et sa préparation constitue une aventure humaine et en tant que telle elle renforce les liens entre les êtres humains, hommes et femmes, passionnés par ce but ultime qu'est la découverte et l'ouverture d'un nouveau monde à l'humanité.

DEUXIÈME PARTIE
LE DÉSERT

Avant

Un beau matin de janvier 2002, j'ai reçu un e-mail de Robert Zubrin. Dans son style direct et court, en moins de dix mots, il me demandait de repartir avec eux cette fois dans le désert, dans le nouveau Hab installé au milieu du désert de l'Utah. Je lui ai directement répondu « En avant, Mars ! » (après avoir quand même vérifié les dates). J'étais de nouveau emballé et enthousiaste. Comme précédemment, six rotations étaient prévues avec des équipages mixtes de six personnes pour des séjours de deux semaines chacun. Je ferais partie du cinquième équipage au mois d'avril 2002, sous le commandement de Bill Clancey, qui était déjà de notre expédition précédente en Arctique. Les quatre autres membres de l'équipage seraient Andréa Fori, une géologue de Californie ; Nancy Wood, une biologiste de Chicago ; Jan Osburg, un ingénieur en aérospatiale de l'Université de Stuttgart en Allemagne ; et David Real, un journaliste au *Dallas News* du Texas. Ce nouveau Hab était le second construit par la *Mars Society* et installé cette fois dans un autre environnement extrême, un désert. Après le froid de l'Arctique, la chaleur du désert. Ce second Hab possédait de nouvelles possibilités scientifiques puisqu'une serre expérimentale lui était adjointe et que quelques expériences de biologie et de botanique martiennes étaient prévues.

Robert Zubrin m'a également demandé si je pouvais revenir avec l'équipement de notre expérience de géophysique pour refaire des mesures sismiques, comme sur l'île de Devon. J'ai vérifié avec Philippe Lognonné si le matériel pouvait être de nouveau disponible en prêt. Malheureusement, l'équipement était déjà utilisé pour des séances d'entraînement de formation des étudiants en géophysique. Comme le temps était relativement court, il me fallait donc trouver une autre expérience. J'en ai parlé de nouveau avec Véronique Dehant qui m'a mis en rapport avec un autre géophysicien français faisant également partie de l'équipe scientifique de la mission Netlander pour une expérience sur la mesure du magnétisme planétaire de Mars. Il était bien sûr intéressé mais, malheureusement, encore une fois l'équipement scientifique n'était pas disponible aux dates nécessaires. Entre-temps, j'avais discuté avec un de mes collègues de l'Estec, le Dr Christophe Lasseur, spécialiste en systèmes de support-vie pour les missions spatiales. Il m'a proposé une excellente idée d'expérience, à savoir de faire pousser quelques légumes dans le Hab et dans sa serre expérimentale. L'idée n'était pas vraiment d'expérimenter les conditions et la manière de faire pousser des plantes, mais plutôt de voir la réponse d'un équipage face aux tâches de jardinage et de mesurer l'impact psychologique de devoir s'occuper de plantes vertes et de légumes consommables. Nous en avons longuement discuté et il est vrai que c'est une question importante. Les premiers équipages sur Mars ne pourront pas emporter avec eux toute la nourriture qu'ils consommeront pendant les deux ans ou deux ans et demi de voyage et de séjour sur Mars. Il leur faudra donc produire une partie de ce qu'ils vont consommer. Plusieurs questions se posent et ne sont pas encore résolues quant au design d'une serre martienne. Faut-il qu'elle soit pressurisée ou non ? Et si oui, à quelle pression ? Pression atmosphérique terrestre (un bar) ou martienne (à peu près 7 millibars) ? Et avec quelle atmosphère ? Terrestre (oxygène et azote) ou martienne (dioxyde de carbone) ? Faut-il que la serre soit attenante au Hab de telle manière que les martionautes puissent y accéder sans scaphandre EVA ou faut-il qu'elle soit détachée et accessible seulement durant les sorties EVA ? D'un point de vue psychologique également, une serre attenante au Hab ou à l'intérieur du Hab pourrait permettre aux martionautes de se retirer dans ce jardin intérieur et peut-être de ressentir quelques moments de solitude et de relaxation, en prenant soin des plantes, alors qu'une serre détachée et accessible seulement en sortie EVA exigerait de mettre le scaphandre EVA et d'effectuer une sortie à l'extérieur, donc une procédure plus lourde, plus longue et beaucoup moins relaxante.

Il y avait donc là matière à une belle expérience. Non pas que nous voulions répondre à toutes les questions, mais plutôt trouver quelques premières indications qui pourraient orienter et éventuellement quantifier le choix d'un design par rapport à un autre. Vous voyez que les experts techniques et scientifiques travaillent déjà à peaufiner ce genre de détails qui vont conditionner les expéditions martiennes du futur, dans quelques vingt ans ou plus.

L'expérience en elle-même serait très simple : faire pousser quelques légumes choisis pour leurs propriétés de germination et de maturation rapides ; éventuellement pouvoir les consommer à la fin du séjour et demander aux membres de l'équipage de noter leurs commentaires, leurs remarques, etc. Un point important était de ne pas prévenir les autres membres de l'équipage du but de l'expérience pour pouvoir recueillir des réponses franches et naïves. J'en ai quand même discuté par e-mail avec notre nouveau commandant Bill Clancey, qui a très bien compris le but de cette expérience.

Une des caractéristiques de cette seconde campagne de simulation pour les équipages précédents était l'exploration de la région du désert entourant le Hab en utilisant le système GPS. Ce système de positionnement global avait déjà été utilisé lors de notre première campagne de simulation en

Arctique, mais il est apparu tellement utile que lors de cette seconde campagne, il est devenu un outil indispendable d'exploration dans le désert. Toutes les informations recueillies par les équipages précédents ont été notées et commentées dans une base de données et dans les rapports journaliers d'expéditions des équipages précédents, tous accessibles sur le site web de la *Mars Society*. Nous avons eu de longues discussions par e-mail avec les autres membres de notre future rotation avant de nous rencontrer pour établir l'approche que nous allions suivre pour exploiter ces données. Bill nous a demandé à tous de relire les rapports scientifiques et les rapports d'expéditions EVA des équipages précédents pour ne pas arriver sans savoir ce qui avait déjà été fait précédemment. En bref, il ne s'agissait plus de jouer au premier équipage débarqué sur Mars et commençant l'exploration d'une *Terra incognita* (ou plutôt d'une *Ares incognita*), mais plutôt de nous comporter comme un équipage suivant, venant après plusieurs premières expéditions et continuant l'exploration entamée par d'autres avant nous. Il nous fallait donc étudier ce qui avait déjà été fait. J'ai ainsi passé plusieurs soirées (et nuits) à relire et potasser les rapports des équipages précédents, tout en continuant à travailler en journée à suivre les différents projets dont je suis responsable à l'Estec. Bien nous en a pris, car c'était fort intéressant et fort instructif. Bien que n'y ayant pas encore mis les pieds, nous nous sommes peu à peu familiarisés avec l'endroit.

Notre rotation serait supportée par un centre de contrôle de mission situé en Californie. Nos contacts avec ce centre de contrôle seraient uniquement par e-mail, et les personnes qui nous aideraient ainsi de loin électroniquement seraient d'autres passionnés de l'exploration de Mars tous membres du chapitre californien de la *Mars Society*.

Après quelque temps, nous nous sentions prêts à affronter ce nouvel environement. Les autres membres de l'équipage me paraissaient tous très motivés et sympathiques, ce qui était de bon augure quand on pense que nous allions passer deux semaines ensemble enfermés dans quelques mètres cubes.

Bill a demandé à Andréa et Jan de dessiner et produire un *crew patch*, c'est-à-dire un écusson avec un emblème ou un blason représentant notre équipage et notre rotation. Ce qui fut chose faite.

Tout était fin prêt et je me sentais débordant d'énergie pour aborder cette nouvelle phase de préparation de l'exploration martienne. En route vers de nouvelles aventures.

Pendant

Mars Desert Research Station

Journal de bord

Note

Voici le journal de bord de mon voyage et de mon séjour dans le désert de l'Utah, que j'ai tenu quotidiennement. De larges extraits ont été publiés sur le site web de l'ESA, sur celui de la Mars Society *de* France *et quotidiennement dans le journal* La Dernière Heure *de l'époque. Voici le texte dans son intégralité. Les dates sont indiquées et les jours sont comptés depuis le jour de départ.*

Dimanche 7 avril 2002, Jour 1

Salutations martiennes, Terriens !

Mon nom est Vladimir Pletser et j'ai la chance de participer à une aventure extraordinaire en tant que membre du cinquième équipage de cette seconde campagne internationale de simulation d'une mission martienne. J'espère vous tenir informés de notre travail scientifique et de nos progrès quotidiens dans cette base.

C'est notre premier jour dans la Station de recherche martienne du désert, plus connu sous son sigle anglais MDRS pour *Mars Desert Research Station*. C'est un endroit incroyable dans un environnement fantastique, installé dans le désert de l'Utah à quelques centaines de kilomètres au sud de Salt Lake City. C'est la deuxième des quatre stations que la *Mars Society* projette d'installer à travers le monde. La première a été installée il y a deux ans sur l'île déserte de Devon dans le cercle polaire canadien et elle a servi à la première campagne internationale de simulation pour laquelle j'avais été sélectionné. La troisième station sera européenne et installée en Islande en 2003 et une quatrième station sera montée dans deux ou trois ans dans le désert australien. Ces endroits reculés de la Terre ressemblent par certains aspects à ce que l'on pourrait s'attendre à trouver sur la planète Mars, soit par les conditions climatiques, ou géologiques, ou biologiques, suffisamment pour y conduire des expériences scientifiques analogues à ce qu'un équipage martien conduirait. L'idée est d'utiliser ces environnements extrêmes, encore appelés « analogues martiens sur Terre », pour démontrer qu'une mission habitée sur Mars est réalisable et qu'un équipage humain peut vivre en autonomie à l'intérieur d'une station, appelée familièrement Hab, spécialement conçue pour ressembler à une future première base habitée sur la planète rouge.

Mais commençons par le début. Arriver jusqu'ici a pris à peine plus de 24 heures. Comme j'habite et travaille aux Pays-Bas, je suis parti d'Amsterdam samedi matin et suis arrivé à Atlanta samedi soir après 9 heures de vol. J'y ai attendu deux heures la correspondance pour Salt Lake City et à l'aéroport, j'ai été choisi « au hasard » pour une vérification de sécurité. Même mes chaussures ont été vérifiées ! Eh oui ! Les contrôles de sécurité ont été renforcés dans les aéroports après les attentats terroristes du 11 septembre 2001. Contre mauvaise fortune, bon cœur : il est vrai que la sécurité passe avant tout ! Après quatre heures de vol, me voici rendu à Salt Lake City où m'accueille Bill Clancey, un spécialiste en ordinateur de la Nasa, avec qui j'ai passé une semaine dans la base de l'île de Devon l'année dernière et qui sera notre commandant pendant cette simulation. Je retrouve Andréa Fori, une géologue californienne. Le reste de l'équipage est en train de faire les dernières courses dans un supermarché local. Nous les retrouvons en train de faire la file à une des caisses. Nancy Wood, une biologiste de Chicago, David Real, journaliste de Dallas et Jan Osburg, un ingénieur aérospatial de l'Université de Stuttgart, ont rempli trois chariots avec les dernières provisions de conserves, de légumes, de fruits, de viandes..., suffisantes pour soutenir un siège de plus d'un mois dans notre base martienne. Nous avons fait les quelques centaines de kilomètres restants en voiture et sommes arrivés tard dans la nuit à Hanksville, un petit village, tellement petit qu'il a été oublié, paraît-il, lors du dernier recensement américain. Si vous regardez sur la carte, vous verrez dans la partie sud de l'Utah, trois routes qui forment un Y ; ce village est situé au croisement de ces routes. Notre base, ou habitat martien, ou encore le Hab, est située à une vingtaine de kilomètres de ce village. Cette région paraît-il était le lieu des exploits de Butch Cassidy à l'époque du *Far West*. Comme cette partie des USA passait à l'heure d'été dans la nuit de samedi à dimanche, nous avons encore eu une heure de moins à dormir. Mais bon, encore une fois, ce n'est pas le temps qui va nous manquer lors de cette simulation de deux semaines.

Ce matin, nous avons accompli les derniers kilomètres à travers les paysages les plus grandioses de l'Ouest américain pour arriver à notre destination finale pour les prochaines deux semaines. L'environnement a un aspect tellement extraterrestre que James Cameron, le réalisateur hollywoodien, a envisagé de venir tourner ici quelques scènes de ses films de science-fiction.

Nous avons rencontré l'équipage précédent, partagé entre la tristesse de quitter cette base et le plaisir de rejoindre la civilisation. J'imagine que nous passerons par des sentiments semblables dans deux semaines, mais pour le moment nous avons énormément de travail devant nous.

Après nous être fait expliquer les derniers détails par l'équipage précédent, quelques réparations nous attendaient. La serre à côté du Hab avait souffert sous les vents violents des derniers jours et la porte est maintenant réparée. Un nouveau générateur a été installé et fonctionne maintenant sans interruption. Le Hab est assez semblable à celui installé en Arctique. De mêmes dimensions, l'arrangement intérieur est fort semblable également, à la différence que l'escalier pour accéder au premier est placé dans l'autre sens, qu'il y a une lucarne au sommet du Hab et qu'il y a encore un peu plus de gadgets électroniques sur les tables le long de la paroi circulaire du premier étage. Et puis, du sable partout. Quand le vent souffle, ce sable du désert s'infiltre partout.

Nous avons eu une longue session de *brain storming* sur les modalités de cette simulation et sur la manière dont les différentes charges domestiques seraient partagées entre les six participants. Cela va depuis faire la cuisine et nettoyer la vaisselle jusqu'à vérifier l'alignement de notre antenne satellite et remplir la réserve d'eau. Je vous parlerai plus en détail au cours de ces deux semaines de ces différentes activités.

Ce qui m'a le plus impressionné aujourd'hui, c'est l'enthousiasme et la volonté des membres de cet équipage, et l'importance attachée à l'organisation méticuleuse de l'enregistrement et l'archivage des échantillons. Il est vrai que depuis plus de trois mois que cette station existe, une quantité impressionnante de résultats sur la biologie et la géologie locales et des expériences de géophysique a été engrangée et les échantillons rocheux et biologiques s'accumulent dans le labo du rez-de-chaussée.

Nous avons également eu des visiteurs qui avaient entendu parler de la simulation et qui sont venus voir. Obligeamment, nous leur avons fait visiter notre Hab et expliqué les buts de nos expériences. C'est en fait le dernier jour ouvert car ce soir à partir de minuit, nous rentrons réellement en simulation. Ce qui veut dire que nous ne pourrons plus sortir sinon en portant des scaphandres de sortie extravéhiculaire, ou EVA suivant le sigle anglais, pour simuler que nous sommes à la surface d'une autre planète. Ces scaphandres sont exactement semblables aux scaphandres EVA que nous portions en Arctique l'année dernière.

Nous avons également eu la chance de pouvoir faire un tour sur les véhicules tout-terrain que nous utiliserons lors de nos expéditions. Ces véhicules sont des quads, ou ATV, sorte de moto tout-terrain à quatre roues, les mêmes que ceux utilisés en Arctique. Ce tour au coucher du soleil était extraordinaire, puisqu'il a fait ressortir tous les tons de rouge, jaune et vert des canyons environnants.

Hier et aujourd'hui étaient donc deux journées très agréables pendant lesquelles j'ai pu rencontrer mes compagnons d'aventure avec qui je passerai deux semaines dans cet Hab, et également échanger les impressions avec l'équipage précédent, ce qui me laisse optimiste sur la conclusion de notre campagne.

Le *jet lag* commence à me rattraper, il est 23h30 heure locale (et je ne sais plus à quelle heure est mon organisme). Je vais donc terminer ici et vous souhaiter une bonne nuit terrestre.

En avant, Mars !

Vladimir

Lundi 8 avril 2002, Jour 2

Salutations martiennes, Terriens !

Notre deuxième journée dans la station de recherche martienne du désert s'est très bien passée. Nous avons eu un long *briefing* ce matin au cours duquel nous avons discuté des différentes expéditions EVA que nous projetons de faire cette semaine. Nous avons aussi décidé de changer d'horaire, ce qu'un équipage sur Mars pourra toujours faire à sa guise. Nous avons adopté ce que ma collègue Nancy appelle l'horaire espagnol, c'est-à-dire reporter jusqu'après 16 heures toutes nos sorties EVA pour éviter les heures les plus chaudes de la journée. En fait, dans le désert, même en ce début de mois d'avril, les différences de température sont déjà bien marquées : la température la plus haute était de 32°C à 12h38 hier midi et la température la plus basse de 4°C ce matin à 5h20.

La première expédition EVA de notre équipage avait pour but de préparer la serre de la station, située à une dizaine de mètres du Hab mais nécessitant malgré tout le port d'un scaphandre EVA. Une des expériences dont je m'occupe avec la biologiste de Chicago, Nancy Wood consiste à observer la croissance de quelques végétaux depuis la plantation jusqu'à la germination. Nous avons quatre sortes de graines différentes : des radis, des choux alfa-alfa, de la salade roquette et du chou chinois tatsoi. Avec Nancy, nous avons commencé à préparer et répéter la procédure d'installation en scaphandres EVA que nous voulons utiliser dans la serre. En partie pour cet entraînement, nous avons semé les graines dans des boîtes de croissance qui seront laissées dans le Hab et qui seront utilisées comme référence à comparer avec les plantes obtenues dans la serre.

Nancy a fait preuve de beaucoup d'imagination et de créativité professionnelle en adaptant un entonnoir de labo et quelques tubes d'Eppendorf (des petits tubes de labo terminés par un bout d'entonnoir) pour en faire un distributeur de graines au compte-gouttes, délivrant les graines une à une.

Le tout était donc bien planifié et répété. Nous avons commencé à enfiler nos scaphandres EVA et comme c'était la première fois pour quatre de mes compagnons, cela nous a pris plus d'une heure pour passer les détails en revue afin d'éviter de se coincer les cheveux dans la fermeture de la combinaison, ou de se cogner le nez au casque en marchant, ou pour éviter de perdre la petite oreillette reliée à la radio portative.

Donc nous étions prêts et nous nous sommes mis en route, après avoir vérifié que nous avions nos plantes, les boîtes de croissance et les graines, mais bien sûr oubliant une partie des outils nécessaires. Après avoir attendu cinq minutes dans le sas de décompression, nous avons atteint la serre et avons dû improviser avec les moyens du bord. Bien évidemment, nous avons dévié des procédures dont nous étions si fiers quelques minutes auparavant. Ceci met bien en évidence que rien ne peut remplacer un essai sur le terrain dans les conditions les plus réalistes possibles, et que malgré toute l'imagination dont on peut faire preuve, il y a toujours un détail qui échappe à l'œil du scientifique ou de l'ingénieur. Ce genre de campagne de simulation est donc nécessaire dès à présent si nous voulons arriver et travailler sur Mars d'ici quelques années, disons une vingtaine d'années.

Laissez-moi vous dire que ce n'était pas facile de planter des graines d'une taille d'un millimètre, une par une dans les petites cases prévues à cet effet, avec des gants de scaphandre EVA (moins flexibles que des gants de ski) dans une serre surchauffée par le soleil. Néanmoins, en un peu plus d'une heure, nous avions fini : toutes les graines étaient plantées et arrosées. Après notre retour au Hab, nous avons débriefé nos compagnons et les avons laissés partir pour la seconde expédition EVA de la journée. Cette deuxième sortie était une sortie de reconnaissance à pied pour repérer des endroits particulièrement exposés au vent. Je reviendrai sur ceci demain.

Un mot de la vie à bord. Il nous faut également gérer cette base comme une maison habitée par six personnes, c'est-à-dire que les différentes tâches ménagères, d'entretien technique, de maintenance, etc., sont partagées en alternance d'un jour à l'autre entre les membres de l'équipage. Je me suis porté volontaire pour être le DOC (Directeur des Opérations dans la Cuisine) d'aujourd'hui, c'est-à-dire la pauvre âme chargée de toutes les obligations ménagères : cuisiner, nettoyer la vaisselle, « sortir » les poubelles...

J'ai donc préparé un repas martien pour mes compagnons explorateurs martiens, et ce n'était pas facile. Essayez de préparer un repas de quatre plats pour six personnes avec seulement deux plaques chauffantes et un système électrique qui saute dès que vous branchez un troisième appareil. Croyez-le ou non, je suis parvenu à préparer des délices de *Valles Marineris* (c'est-à-dire des toasts au saumon), de la soupe *Alien* (heu..., un mélange !), du riz à la martienne avec des côtes de porc du mont *Olympus*, et une salade de fruits à la *Lycus Sulci*. Nous avons essayé une sauce ultrapiquante du Costa Rica avec le riz martien. Ce fut une expérience plus qu'enrichissante....

Et voilà, une journée chargée qui tire à sa fin. J'ai terminé mes devoirs de DOC vers dix heures ce soir, juste à temps pour commencer à écrire mes rapports de la journée. Le commandant vient de nous appeler pour regarder une vidéo qui reprend les meilleurs moments de la dernière campagne de simulation martienne dans la station de l'île de Devon, dans le cercle arctique canadien. Utile pour comprendre et analyser les différences d'environnements et comment cela affectera notre travail.

Le plan de demain est de partir en expédition EVA de reconnaissance en ATV, ces véhicules tout-terrain à quatre roues mais qu'on chevauche comme une moto.

Je vais terminer ce rapport ici avant la traditionnelle coupure de courant pour recharger le générateur toutes les six à huit heures.

De nouveau, en arborant un grand sourire martien, je vous souhaite une bonne nuit martienne et vous salue.

En avant, Mars !

Vladimir

Extrait du log-book d'activités journalières

Notre commandant Bill nous a demandé de tenir un *log-book* de nos menues tâches quotidiennes avec indication des heures. C'est une des expériences qui lui permettra de mieux construire un modèle d'activités d'un équipage sur Mars. Alors voici un extrait pour la journée de lundi. Ce n'est pas très intéressant à lire mais c'est instructif malgré tout car cela vous donne une idée d'un horaire typique d'une journée.

Hier, j'étais donc le DOC et j'ai pas mal bossé. Réveillé vers 7h30, j'ai petit-déjeuné de 8h à 8h30 puis comme DOC, j'ai rangé la cuisine. À 9h, briefing jusqu'à 10h (on a décidé de limiter les briefings du matin à une heure maximum : ce qui n'a pas été dit aujourd'hui le sera demain) et puis on commence notre travail expérimental, chacun de son côté.

Vers midi, j'ai laissé Nancy continuer toute seule le travail de préparation au labo du rez-de-chaussée pendant que je commençais à préparer le lunch, c'est-à-dire à mettre le tout sur la table pour quelques sandwiches vite expédiés avec une tasse de café pour certains et de thé pour les autres. De nouveau, j'ai tout rangé et j'ai mis tout en ordre, et puis vers 14 heures, retour au labo pour se préparer à notre sortie EVA. L'après-midi s'est passé à travailler, ceci incluant la préparation de notre sortie EVA, la sortie elle-même, le retour, quelques discussions, les notes à prendre et puis tout remettre en place et commencer à préparer les rapports du jour.

Vers 18h15, je suis remonté pour préparer le souper et faire la vaisselle du jour. À 19h45, nous sommes passés à table et vers 21h, j'ai débarrassé et fait la vaisselle, le tout jusqu'à 21h40. Après avoir descendu les poubelles dans le sas arrière (elles seront déposées dans un endroit prévu à cet effet à l'extérieur lors d'une prochaine sortie EVA), je suis remonté vers 22h dans ma chambre-placard pour écrire mon journal de bord. Bill nous a appelés vers 22h25 pour regarder une vidéo jusque vers 23h. Ensuite, j'ai terminé mon rapport en anglais, puis l'ai traduit en français et j'ai terminé vers minuit et demi. J'ai ensuite passé en revue toutes les photos digitales prises pendant la journée pour en choisir quatre afin d'accompagner les textes à envoyer. J'ai transféré le tout sur une disquette et l'ai envoyé sur internet vers 1h15. Je me suis brossé les dents et me suis écroulé au lit vers 1h30. C'est une longue journée celle d'un DOC. Je me suis réveillé deux fois pour aller aux toilettes, vers 3h30 et puis à 7h20. Le soleil était déjà levé et je me suis remis au lit pour lire jusque 8h. Ensuite, une douche-éponge rapide et le petit déjeuner pour démarrer une nouvelle journée.

Mardi 9 avril 2002, Jour 3

Salutations martiennes, Terriens !

Une autre excellente journée dans le désert martien de l'Utah. Ce troisième jour était de nouveau fort occupé. Mais avant tout, je veux partager une impression avec vous. Trois de mes collègues (Bill, Nancy et Andréa) sont partis en expédition EVA cet après-midi ; je suis dans le Hab avec Jan et David. Nous travaillons chacun sur notre ordinateur en écoutant un vieux morceau des années 70 du groupe America, *A horse with no name*, et en arrière-fond, nous pouvons entendre les échanges radio avec le bruit sifflant de la radio de nos trois compagnons en EVA. Le soleil brille et il fait chaud dans le Hab. Et soudainement, je me suis senti transporté sur Mars par la chanson parlant du désert et le bruit des conversations EVA à la radio pendant que j'écrivais un rapport pour la « Terre ». Agréable sensation !

Donc, une journée chargée. Un réveil trop matinal m'a permis de terminer un livre et d'en commencer un autre. Après le déjeuner, nous avons discuté des activités de la journée au briefing du matin. Pas d'EVA pour moi aujourd'hui. Mes priorités du jour sont de m'occuper avec David des connexions internet qui ne fonctionnent pas encore parfaitement. Ce serait trop long d'expliquer les différents systèmes desquels nous dépendons, mais tout ne baigne pas encore dans l'huile.

David est notre DOC aujourd'hui et il nous a fait découvrir le sandwich Atterrisseur martien (thon, poivrons rouges, céleri et pickles) à midi. Pas mauvais et cela vous nourrit un explorateur martien affamé.

Avec Jan, nous nous sommes occupés des autres obligations à bord, comme par exemple vérifier les paramètres de nos systèmes GPS (*Global Positionning System*). Pour ceux qui sont intéressés, les coordonnées du premier étage de notre Hab sont UTM12 S 0518236, 4250730, hauteur de 1 378 m, avec une précision théorique de 5 m (basé sur le positionnement par six satellites). Ainsi nous ne pourrons pas nous perdre lorsque nous partons en expédition EVA. En fait, tous les équipages précédents ont utilisé abondamment le système GPS et les positions de plus de 100 points associées à certaines formations dans le désert ont été mesurées avec précision. Un objectif des expéditions EVA pour notre groupe est de revisiter certains de ces endroits pour vérifier la possibilité de les retrouver et de ramener de nouveaux échantillons. Cela pose également la question de savoir comment les premiers astronautes sur Mars feront pour retrouver leur chemin. Ils auront certainement besoin d'un système équivalent au GPS sur Mars. Je voudrais proposer de déjà considérer de placer des répondeurs GPS sur les satellites orbiteurs de Mars qui seront lancés dans les prochaines années en vue de préparer cette prochaine étape de l'exploration humaine.

Une autre tâche dont nous nous sommes acquittés avec Jan est de remplir le réservoir du générateur, trois fois par jour. Cette tâche est accomplie « hors sim » pour des raisons évidentes de sécurité liées aux manipulations d'essence et du générateur. Les explorateurs de Mars n'auront pas à faire cela : ils auront sans doute à leur disposition de petits réacteurs nucléaires ou des générateurs au méthane produit par réactions chimiques à partir de l'atmosphère martienne de dioxyde de carbone, ou CO_2.

Le but de l'expédition EVA du jour était de trouver deux endroits particuliers : l'un humide par intermittence et l'autre exposé au vent, afin de ramener des échantillons de sols pour les placer en culture d'écosystèmes dans le laboratoire du Hab. L'idée de notre biologiste Nancy est de vérifier s'il était possible pour d'hypothétiques organismes vivants, ressemblant à des bactéries par exemple, d'être transportés par les vents martiens. Il est vrai que le temps aujourd'hui se prêtait à cette hypothèse, puisque le vent s'est levé avec des bourrasques à plus de 50 km/h, soulevant des tourbillons de poussière rouge du désert.

Ce soir, notre DOC nous a promis des *fajitas* extraterrestres, et donc je ne vais pas tarder à vous laisser vu que je ne veux pas rater ça.

Salutations nocturnes d'Arès.

En avant, Mars !

Vladimir

E-mail d'envoi

Bonjour tout le monde,

Bonne journée aujourd'hui, bien que j'aie encore des problèmes de connexion avec mon ordinateur. Je n'arrive pas à me connecter à mon système d'e-mails à l'Estec et donc je n'ai pas encore accès à mon courrier électronique. Donc, si vous m'avez écrit, soyez patients, je finirai bien par vous répondre. Si c'est réellement urgent, vous pouvez toujours me répondre à cette adresse e-mail. Mais faites attention, c'est une adresse commune partagée par tout l'équipage et l'équipe du support-mission en Californie (ça fait donc beaucoup de monde). Ne soyez pas trop bavard et mettez mon nom dans le sujet de l'e-mail. Les photos arrivent en parallèle.

Bien amicalement

Vladimir

Mercredi 10 avril 2002, Jour 4

Salutations martiennes, Terriens.

Quelle journée extraordinaire nous avons eue aujourd'hui ! Il y avait du remue-ménage ce matin dans notre Station de recherche martienne dans le désert de l'Utah. Moins de 48 heures après avoir été plantées, nos graines ont commencé à pousser ! Le miracle de la vie a encore eu lieu. C'est extraordinaire ! Bien sûr, cela arrive tous les jours tout autour du monde : arroser une graine la fera éventuellement germer. Mais ici, dans notre labo dans l'environnement fermé de notre station de recherche, cela prend des allures hors du commun. En fait, les quatre sortes de plantes que nous avons plantées ont commencé à germer. Les « alfa-alfa », les choux tatsoi, la salade roquette (ou *arugela* en anglais) et les radis, plantés dans un tapis de laine spéciale installé dans notre labo, ont commencé à sortir pendant la nuit. Rien n'est par contre encore visible dans le terreau des autres boîtes de croissance, probablement parce que les graines sont plantées plus profondément. Je vous tiendrai informés des progrès de leur croissance et de l'apparition des suivants quand ils sortiront. Nous espérons pouvoir les consommer avant la fin de notre rotation, dans une dizaine de jours.

Ce matin, première douche (presque) chaude depuis quelques jours, ce qui vous fait renaître à l'humanité.

Plus tard, j'ai finalement réussi à me connecter au système de courrier électronique du bureau, miracle de la technologie moderne. Le coupable de ce retard de trois jours était une connexion défaillante dans le Hab. Le seul ordinateur qui n'est pas encore connecté est celui d'Andréa, tous les autres sont branchés et naviguent sur la Toile. J'ai commencé à dépouiller mon courrier et j'y ai trouvé un enregistrement vidéo envoyé par mon fiston de treize ans. Incroyable comme les jeunes d'aujourd'hui arrivent à bricoler avec les gadgets électroniques, en l'occurrence une nouvelle web-caméra. Tout va bien à la maison et il voudrait savoir comment il pourrait nous aider. Je lui fais savoir que ce serait sympa de chercher sur le web quelques infos sur la manière dont les cosmonautes et astronautes font pour nettoyer la station spatiale, quelles sont leurs tâches respectives afin de les comparer avec nos activités ménagères.

Plus tard, avec Nancy, nous avons également arrangé l'enregistreur de données écologiques et nous l'avons installé dans la serre, dans un mode semi-EVA, c'est-à-dire en simulant simplement le port d'un casque à oxygène.

Apres les fastes culinaires de ces deux derniers jours, notre commandant, le DOC du jour, a réintroduit un peu de rigueur dans la préparation du repas de midi, et nous en sommes revenus aux sandwiches jambon-fromage. Personne ne s'en est plaint.

Le but de l'expédition EVA de ce jour était de retrouver un point GPS marqué par un équipage précédent à des fins d'exploration géologique. D'autres tâches devaient également être accomplies pendant cette sortie EVA. Andréa, la géologue de l'équipage, et moi-même avons été désignés pour cette expédition EVA. Comme nous nous apprêtions à quitter le Hab en ATV, le vent s'est soudainement levé et nous avons dû rentrer notre drapeau martien. Rappelez-vous : bleu, rouge et vert. Nous avons mesuré les coordonnées GPS de quelques points autour du Hab et nous nous sommes mis en route vers *Candor Chasma*. C'est un endroit extraordinaire ! En fait, le Hab est encerclé par le désert. Mais ce désert n'est pas uniforme et ennuyeux. Non, au contraire, il est riche en couleurs et paysages dramatiques. Après avoir traversé quelques plaines de poussière rouge et de rochers, nous sommes arrivés à *Candor Chasma*. Cet endroit est nommé d'après un énorme canyon qui traverse la surface de Mars au sud de l'équateur. Ici sur Terre, ce canyon d'à peu près 50 m de profondeur, avec une colline au milieu, traverse des couches géologiques horizontales de couleurs différentes. Beaucoup de paysages semblables peuvent être observés autour du Hab et ressemblent à ce que nous connaissons de la surface martienne, ce qui fait de cet endroit un des lieux les plus appropriés pour conduire nos campagnes de simulation de missions martiennes. Nous n'avons pas pu localiser le point GPS que nous cherchions. Malgré nos efforts, nous avons dû nous arrêter devant un obstacle infranchissable à quelque 800 m du point cherché. Il nous fallait sans doute prendre une autre route. Mais comme la tempête se levait réellement, nous avons reçu par radio l'ordre de rentrer immédiatement. Sur le chemin du retour, nous avons rencontré quelques zones de sables mous et nous nous sommes tour à tour ensablés, moi d'abord et puis Andréa. Mais nous sommes finalement arrivés à bon port avant la grosse pluie et l'orage. Assez impressionnant, un orage dans le désert. L'air était tellement chargé d'électricité statique que nous avons eu droit à un feu de Saint-Elme à l'intérieur du Hab près du paratonnerre, heureusement sans gravité. C'est un phénomène bien connu des marins et qui est lié à l'accumulation de l'électricité statique sur les mâts des navires et des structures pendant un orage. Le tout pendant le repas concocté par notre commandant-DOC (spaghetti et salade de haricots et de pois chiches). Oui, c'était une bonne journée ! Et pour rester dans l'ambiance martienne, nous avons regardé un DVD, *La planète rouge*. Heureusement que l'exploration de Mars ne sera pas conduite comme dans ce navet. En attendant, bonne nuit de Mars en Utah.

En avant, Mars !

Vladimir

E-mail d'envoi

Bonjour tout le monde,

Super journée, mais encore beaucoup trop à faire. Notre serveur par satellite s'est planté à une heure et demie du matin. De nouveau, il est tard, passé deux heures du mat. Donc je serai court. Je n'ai plus de batterie pour la caméra digitale et je n'ai pas de chargeur. Je vais donc dépendre de la caméra de quelqu'un d'autre à partir de demain.

J'ai pu me connecter à mon système d'e-mails à l'Estec et donc tout rentre dans l'ordre. Je commencerai à répondre aux e-mails dans les jours qui viennent.

Les photos arrivent en parallèle.

Bien amicalement.

Vladimir

Extrait du log-book d'activités journalières

Super-sortie EVA avec Andréa. Sommes rentrés vers 20 heures, donc le souper fut tard et j'ai commencé à écrire mes rapports quotidiens entre-temps. On a regardé un stupide DVD de 10h30 à 12h15. Puis j'ai essayé de finir mes rapports. J'ai été remplir le réservoir du générateur avec Jan à 1h15 du matin. Ensuite, j'ai terminé mes rapports vers 2h. Essayé de me connecter au système du bureau pour envoyer les rapports et les photos. Très, très lent, ce qui n'est pas étonnant, comme ma connexion est en compétition avec tout le trafic e-mails en Europe. Mon e-mail avec les textes est passé vers 2h30. L'e-mail avec les photos a rebondi et m'est revenu une première fois 45 minutes plus tard et je l'ai renvoyé. J'ai décidé de ne pas attendre et me suis écroulé au lit vers 3h30. Me suis réveillé aux environs de 6h15 pour aller aux toilettes et puis me suis rendormi pour me réveiller à nouveau vers 8h. Suis resté au lit jusqu'à 8h45 pour un petit déj. rapide et le briefing de 9h. J'écris ceci à 11h40. Pas encore eu le temps de me laver ni de me brosser les dents. Le temps passe trop vite et il y a trop à faire. Mais toujours passionnant.

Jeudi 11 avril 2002, Jour 5

Salutations martiennes, Terriens.

Nous avons maintenant établi notre rythme de croisière et la vie continue normalement avec son lot de bonheurs, de découvertes et d'excitation. Nous avons le plaisir de vous annoncer l'apparition de 22 nouvelles petites plantes dans notre boîte à terreau installée dans notre living, au premier étage de notre Hab. Leurs grands frères et sœurs que nous avons observés hier se portent bien également (l'un d'entre eux fait déjà plus de 10 mm). Mais il semble que leurs cousins installés dans la serre soient plus timides : nous n'en avons observé que quelques-uns près de la surface.

Ces derniers jours, nous avons également discuté de la nuit de Youri qui aura lieu le soir du vendredi 12 avril, le 41e anniversaire du lancement du premier cosmonaute de l'histoire. Il y aura des soirées et des événements un peu partout autour du monde, littéralement puisque l'équipage de la navette américaine *Atlantis* actuellement en orbite célébrera aussi cet événement. Nous avons également l'intention de fêter cet anniversaire, et nous vous invitons à vous joindre à nous, malheureusement rien qu'en pensée – isolation oblige –, pour célébrer les accomplissements de l'être humain en orbite depuis 41 ans.

Aujourd'hui, je voudrais vous parler un peu plus de notre vie de tous les jours dans notre station de recherche martienne du désert. D'abord, je voudrais vous faire faire le tour du propriétaire. Le Hab est une structure cylindrique de 8 m de diamètre et de 6 m de haut divisé en deux étages. Le rez-de-chaussée a deux sas à l'avant et à l'arrière du Hab, une salle de préparation des sorties EVA, un grand laboratoire séparé en deux parties pour la biologie et la géologie, une petite salle de bains avec douche et lavabo et... une toilette (oui, vous avez bien deviné). On accède au premier étage par un escalier assez raide. La moitié de l'étage circulaire est occupé par le living-room avec un coin cuisine, une longue planche semi-circulaire qui sert de bureau et où se trouvent tous les ordinateurs, une table pour six personnes où nous prenons nos repas et où nous tenons nos réunions et briefings. L'autre moitié est divisée en six petites chambres où la couchette d'une chambre est superposée à celle de la chambre d'à côté, les deux pièces étant pratiquement emboîtées l'une dans l'autre pour gagner de la place. Une zone de stockage est située au-dessus des chambres et donne accès à une lucarne au sommet du toit. Deux autres fenêtres orientées vers le sud et l'est laissent entrer la lumière du jour. Ceci est notre maison à tous les six pour deux semaines et je reconnais que c'est relativement confortable et assez spacieux. Nous sommes généralement trop occupés pour nous rentrer dedans et en fait, il n'y a pas de problèmes d'espace personnel. Nous prenons aussi part à quelques expériences de longue durée comme la mesure de la quantité d'eau et de savon que nous utilisons par jour. L'eau pour boire et cuisiner n'est pas rationnée mais on nous a demandé d'économiser l'eau pour la toilette personnelle. J'ai pu prendre hier matin pendant trente secondes ma première douche depuis quelques jours et c'est dans ces moments que l'on se rend compte que le confort est un concept très relatif. Nous avons également reçu 80 grammes d'un savon spécial de la Nasa pour les deux semaines. Ce savon n'a pas d'odeur (ni de goût...) mais mousse abondamment, même pour les quelques milligrammes qu'on prend sur le bout des doigts.

Deux expéditions EVA étaient au programme aujourd'hui. La première a permis à notre biologiste Nancy d'installer un appareil qui permet de collecter de la poussière transportée par le vent dans l'espoir de trouver des organismes vivants aéroportés. Pour la seconde sortie EVA, Bill, David et votre serviteur sommes allés avec les trois ATV à la recherche de deux points GPS. En route, nous avons trouvé un point géodésique officiel correspondant à une coordonnée GPS sans décimales. Nous avons également trouvé un paysage à vous couper le souffle, fait de canyons et de collines, de couleurs différentes et s'étendant si loin à travers les différentes couches géologiques qu'on s'attendrait à voir un dinosaure surgir à n'importe quel moment de derrière un rocher.

Et ainsi la vie continue dans cet environnement extraordinaire, partagée entre la conduite de nos expériences et observations, la rédaction de nos rapports, nos expéditions en scaphandre EVA et nos discussions sur la conquête de l'espace et de Mars. Quel endroit de rencontre pour les scientifiques ! Nancy vient de nous montrer au microscope un organisme vivant encore non identifié pris dans une sorte de structure cristallisée qu'elle a récoltée sur quelques rochers. Ce soir au coucher du soleil, comme le ciel était incroyablement clair, j'en ai profité pour donner un cours d'astronomie au reste de l'équipage et leur montrer comment et où observer les planètes visibles aux jumelles depuis la lucarne du toit. Nous avons clairement pu voir la phase de Vénus, Jupiter et quelques-uns de ses satellites, Saturne et une étoile double. Simplement magnifique et magique !

Jan est notre DOC et il nous a préparé un sauté de poulet *Candor Chasma* et des pommes de terre sautées façon *Guerre des Mondes* de Wells. Que peut-on demander de mieux dans ce paradis pour chercheurs !

En avant, Mars !

Vladimir

E-mail d'envoi

Bonjour tout le monde,

Bonne journée de nouveau, mais fatigué quand même. Je vais essayer d'aller tôt au lit ce soir, pas comme les autres jours. Toujours sans batteries pour la caméra digitale. Je dépends de la caméra de notre commandant. Et ça va bien. Mais ce serait plus facile d'être indépendant. Les photos arrivent en parallèle.

Bien amicalement.

Vladimir

Extrait du log-book d'activités journalières

Sortie EVA dans l'après-midi avec Bill et David pour trouver deux points GPS. Bien sûr pas trouvés. Par contre, visité un point géodésique et un paysage hallucinant. On a continué jusqu'au point WP14 et on a trouvé des vaches et des cow-boys et on a décidé de faire demi-tour. Peut-être un peu trop loin... De retour au Hab, observé les planètes au couchant. Très chouette.

Décidé d'aller au lit tôt, mais quand même debout jusqu'à 2h du mat pour écrire et envoyer les rapports journaliers. Été remplir le générateur à 1h avec Jan (remplacé au pied levé Andréa qui dort déjà). Au lit à 2h00 et réveillé deux fois pour la toilette. Debout à 8h30. Le fusible du générateur a sauté et j'ai été le remettre en place avec Andréa avant le petit déj.

Vendredi 12 avril 2002, Jour 6

Salutations martiennes, Terriens !

Aujourd'hui est un jour spécial. Il y a quelques décennies, un intrépide jeune homme bravait les lois de la nature et s'embarquait pour le premier voyage extraterrestre de l'humanité. Nous suivons tous d'une certaine manière ses pas en préparant l'humanité à élargir sa vision, son savoir et sa présence sur d'autres mondes.

Ce soir, nous avons célébré la nuit de Youri et nous avons porté un toast à ce premier cosmonaute ainsi qu'aux autres voyageurs de l'espace qui ont donné leur vie pour ouvrir cette nouvelle voie. Un autre toast pour le travail réalisé par tous les astronautes et cosmonautes ces 41 dernières années, et un autre toast au futur de l'humanité sur d'autres planètes.

Nous avons eu aussi un repas hors de l'ordinaire ce soir, composé et réalisé par Nancy, notre DOC du jour. Hors de l'ordinaire pour plusieurs raisons puisque Nancy a utilisé pour la première fois des herbes cultivées dans la serre du Hab, du thym et de la lavande, pour accompagner notre festin fait d'une daube de bœuf façon *Olympus Mons*. Des soirées comme celles-ci sont uniques et trop rares entre humains partageant les mêmes intérêts et les mêmes enthousiasmes pour l'exploration spatiale. Nous avons décidé aussi de regarder ce soir un film parlant de cet élan, et quoi de mieux approprié que *2001 : Odyssée de l'espace* ?

Le reste de la journée ne s'est pas trop mal passé. Le temps était couvert et relativement frais, aux alentours de quinze degrés centigrades, mais les prévisions sont pessimistes pour les quelques jours à venir (quelqu'un a même parlé de neige fondante...). Nous verrons.

Par contre, bonne nouvelle de nos jardins. Les radis et les « alfa alfa » poussent vite et bien dans le living-room du Hab. Hier soir, nous en avons retiré quelques-uns qui poussaient trop près les uns des autres. Les autres plantes poussent raisonnablement bien dans le labo d'en bas. Mais, à notre surprise, leurs cousins dans la serre ne se portent pas aussi bien. Sans doute les conditions de température et d'humidité ne sont-elles pas optimales comme dans le Hab.

Nous avons eu aussi quelques surprises techniques. Certaines plaisantes, d'autres moins. La meilleure est que l'ordinateur d'Andréa est maintenant connecté au réseau et fonctionne à pleine vitesse. Une des mauvaises surprises a eu lieu ce matin, quand la tragédie fut au rendez-vous avant le petit déj. : un des fusibles du générateur a sauté et les deux personnes de corvée, c'est-à-dire Andréa et moi-même, avons dû aller le remettre en place encore à moitié endormi (ça, c'était la tragédie !). Et puis, notre toilette bio s'est bloquée. Mais je suis sûr que vous ne voulez pas en savoir plus. Bien que cela nous soit déjà arrivé l'année dernière en Arctique, c'est toujours déplaisant. Heureusement, notre responsable Sécurité et Santé, Jan Osburg, nous a arrangé l'affaire de quelques coups de clé à molette.

Sur un ton plus plaisant, l'expédition EVA de ce jour avait de nouveau plusieurs buts. Notre commandant Bill Clancey, la géologue Andréa Fori et le journaliste David Real ont pris les véhicules ATV premièrement, pour récupérer les collecteurs d'échantillons biologiques aéroportés par le vent installés hier par notre biologiste Nancy Wood ; deuxièmement, pour photographier quelques endroits géologiquement intéressants ; et troisièmement pour observer des bancs d'huîtres fossilisées dans un ancien fond marin datant du Crétacé, il y a 140 millions d'années. Beaucoup de photos ont été réalisées et sont maintenant placées sur le site web de la station de recherche du désert de la société de Mars. Comme je n'étais pas impliqué dans cette expédition EVA, j'ai pu consacrer le meilleur de mon temps à terminer des rapports en retard et à terminer un rapport sur nos activités scientifiques de ces quatre derniers jours en biologie, astronomie et géophysique dans cette station de recherche martienne. Un jour calme avant la soirée de Youri.

En vous saluant depuis un endroit paisible du désert qui nous rappelle un Mars futur.

En avant, Mars !

Vladimir

E-mail d'envoi

Bonjour tout le monde,

Journée calme avant une soirée géniale en perspective. Donc je ne vais pas traîner à vous envoyer tout çà. Toujours sans batteries pour la caméra digitale. Et je dépends toujours de la caméra de notre commandant. Je n'écrirai peut-être rien demain comme ce sera le week-end. Ça va dépendre de mon état et de mon courage demain. En parallèle, les photos suivent.

Bien à vous.

Vladimir

Extrait du log-book d'activités journalières

Journée et soirée de Youri. Pas de sortie EVA pour moi aujourd'hui, j'ai pu rester dans le Hab à finir mon rapport scientifique. On a bu une première bière à la santé de Youri à 19h45, ensuite un superbe dîner grâce à Nancy avec du vin pour l'occasion. Réussi à envoyer tous les rapports vers 22h30, en même temps que nous mangions. Puis, visionné le DVD *Outland* avec Sean Connery (un classique, excellent) de 11h à 12h40. L'autre DVD *2001 : Odyssée de l'espace* est resté introuvable.

Vers 1h du matin, dernier remplissage du générateur avec Andréa et dernier remplissage du réservoir d'eau supérieur du Hab. La petite pompe qui sert à monter l'eau a brûlé et s'est bloquée. On l'a démontée avec Jan et on a vu que c'était irréparable. Finalement, au lit vers 2h30. Réveillé deux fois vers 4h et vers 6h. Ensuite debout à 8h15, ce samedi matin.

Samedi 13 et dimanche 14 avril 2002, Jours 7 et 8

Salutations martiennes, Terriens !

La première partie de ce week-end était plus qu'intéressante. Samedi matin, nous avons dû faire face à une mini-crise. Nous allions tomber à court d'eau pour le week-end. Laissez-moi vous expliquer. Nous dépendons d'une source extérieure pour deux ressources indispensables à notre bon fonctionnement et notre survie : l'eau et l'essence. Les deux nous sont apportées de Hanksville, le village le plus proche situé à une dizaine de kilomètres, par un fournisseur local. Pour organiser ces livraisons, nous envoyons la commande par courrier électronique au centre de contrôle de la mission qui contacte ce fournisseur local. L'essence nous a été livrée jeudi, l'eau pas. Nous nous apprêtions à manquer d'eau pour le week-end. Samedi matin, tout l'équipage est descendu pour essayer de redresser ce tank cylindrique de trois mètres de diamètre et d'un mètre de haut pour siphonner les derniers litres. Pas facile. Mon idée de lever le tank à cinq n'a pas marché mais l'idée de Bill de le rouler sur le côté a marché avec quelques modifications. Nous avons ainsi pu siphonner les quelques litres d'eau restant dans ce réservoir de deux tonnes et demie (quand il est plein) duquel nous dépendons. Nous commençions à envisager des mesures drastiques de réduction d'utilisation d'eau : plus d'eau pour la toilette personnelle, plus de vaisselle, etc. Nous avons eu un autre problème également. La nuit précédente, la petite pompe qui sert à pomper l'eau depuis le tank extérieur jusqu'au sommet du Hab est tombée en panne. Nous n'avions plus de moyen de pomper l'eau d'un réservoir quasi vide jusqu'à la citerne en haut du Hab. La situation était mal engagée.

Néanmoins, comme nous sommes des explorateurs sur Mars, nous n'allions pas changer de plan d'action et nous allions explorer. Nous avions décidé de conduire une ambitieuse expédition EVA pour explorer et revisiter certains endroits décrits par les équipages précédents, et c'est ce que nous allions faire !

Avec Jan et David, nous avons préparé la navigation en étudiant la carte de l'endroit et en enregistrant tous les points GPS laissés par les équipages précédents. Nous avons enfilé nos scaphandres EVA après un léger repas pour nous mettre en route au début de l'après-midi. J'étais le commandant de l'expédition et après avoir enfourché nos ATV, nous avons mis le cap au nord d'abord, puis vers l'ouest en tentant de retrouver une piste indiquée sur la carte. Nous ne l'avons jamais trouvée. Par contre, nous nous sommes retrouvés dans d'extraordinaires paysages faits de montagnes et de canyons. Nous n'avons pas retrouvé le premier point GPS mais nous avons retrouvé tous les autres. Certains des chemins hors-piste que nous avons empruntés nous ont rappelé ceux pris par Luke Skywalker dans *Star Wars*, en suivant des lits de rivières asséchées au fond de canyons aux multiples couleurs. Nous avons découvert un champ d'huîtres fossilisées datant du Crétacé, comme nos collègues il y a quelques jours dans un autre endroit. C'était incroyable. Mais ceci était seulement la première partie de notre expédition. Une fois arrivés à la « route principale », une piste grossière baptisée « autoroute de Lowell », notre deuxième but était de trouver un nouveau chemin vers la rivière. En route, nous avons enregistré plusieurs positions GPS d'endroits intéressants et, comme tout explorateur qui se respecte, nous avons nommé à tour de rôle ces endroits. Par exemple, il y a maintenant un « carrefour de Dimitri » en l'honneur de mon fils sur l'autoroute de Lowell et « la colline de Bruxelles », un monticule[1] au milieu du chemin et que j'ai escaladé. Nous avons finalement trouvé la rivière, appelée *Muddy Creek river*, en arrivant sur une falaise depuis laquelle nous avions un point de vue impressionnant de beauté sauvage et qui pouvait sans doute déjà être observé par les dinosaures il y a quelques centaines de millions d'années. De là, nous avons rebroussé chemin et nous nous sommes mis en route vers le troisième but de notre expédition : trouver et identifier une forme d'eau indiquée sur la carte. Nous l'avons trouvée mais pas sans mal, car cette eau n'est pas visible en surface. En effet, il s'agit d'une nappe souterraine que nous avons pu localiser grâce à la végétation : quelques arbustes faméliques au milieu des rochers et du sable. Notre sens infaillible d'observation et de déduction fut rapidement confirmé par une borne laissée par le service géologique américain signalant cette réserve d'eau souterraine. Nous avons pris quelques échantillons de sol pour notre biologiste et nous nous sommes remis en route, nos réservoirs d'essence presque à sec. Nous sommes rentrés au Hab après notre sortie de quatre heures et demie dans le désert. Quelle expérience inoubliable !

Entre-temps, le fournisseur d'eau était passé reprendre le tank vide et le ramener plein. Nous avions donc un tank plein, mais pas le moyen de pomper l'eau au sommet du Hab. Dans

1. Il y a un jeu de mots caché. Le nom en Anglais est *Brussels sprout*, qui se traduit d'abord par « chou de Bruxelles », connu de tous les anglophones, et qui a comme second sens littéral « la poussée » ou « l'excroissance de Bruxelles »: de *sprout*, le passé composé de *to spring*, pousser, germiner, et qui peut être compris comme « le monticule ou la colline de Bruxelles », qui est le sens que je préfère lui attribuer.

l'impossibilité de réparer la pompe sur place, nous nous sommes résolus à former une chaîne et à monter 250 litres d'eau, seau après seau. Quelle journée éprouvante !

Heureusement, ce dimanche matin, notre commandant a décidé de nous laisser travailler suivant « nos directives personnelles », ce qui est une manière élégante de nous laisser quartier libre. J'ai donc pu profiter de ma première grasse matinée et d'une douche-éponge. Eh oui, face à cette nouvelle situation créée par la panne de la pompe à eau, finies les gabegies de douches de 30 secondes ! Terminées. Supprimées. On en revient aux douches dans un verre d'eau avec l'éponge. Mais ce n'est pas si mal, la douche-éponge. Vous ne croiriez pas ce qu'on arrive à décrasser avec un verre d'eau froide et une éponge.

Comme j'étais le DOC du jour, j'ai préparé des œufs brouillés au jambon pour le *brunch* de ce dimanche matin et nous avons préparé un jeu de rôles, mi-gag, mi-simulation. Après tout, c'était dimanche et il était temps de tester les capacités du centre de contrôle de la mission à aider un équipage martien en difficulté. Le scénario était simple. Deux équipes partaient simultanément en expéditions EVA : la première, de trois personnes, pour recueillir des échantillons biologiques ; la seconde, de deux personnes, pour travailler dans la serre du Hab. Et puis, soudainement, tout va de travers. La première équipe EVA est séparée et se perd dans une tempête de sable et la seconde est bloquée à l'intérieur de la serre à cause d'une tirette bloquée sur la porte de la serre. Pour couronner le tout, une panne générale de courant oblige l'opérateur radio, la dernière personne dans le Hab (jouée par le commandant), à quitter le poste pour aller remplir le réservoir du générateur, laissant le centre de contrôle en charge d'aider tout le monde. Nous avons bien rigolé pendant cette simulation simulée et le centre de contrôle a finalement compris que ces situations où tout allait mal en s'enchaînant n'était pas réellement sérieuses. Cette blague martienne était en fait un bon entraînement pour le centre de contrôle et cela a permis de mettre en évidence certaines lacunes dans le scénario et l'organisation générale de la mission.

Les nouvelles de nos jardins sont excellentes puisque les radis poussent à une vitesse exponentielle : la plus haute tige est passée de 4,4 cm samedi soir à un étonnant 7 cm ce dimanche soir.

Pour le soir, j'ai préparé des filets de poulet a la *Schaeberle* (oui, ce plat est nommé suivant un endroit sur Mars, et pas suivant une commune bruxelloise qui aurait été mal orthographiée) et une salade de riz de *Deimos*, qui ont été appréciés par tous les Martiens présents. Et pour conclure ce dimanche, nous avons regardé une histoire d'un autre monde sans eau, la première partie de *Dune*, le *remake* télévisuel (bien fait jusqu'à présent) du film des années 80 suivant un autre classique de science-fiction.

Depuis une planète pleine de diversité et de vie, je vous souhaite une nuit martienne paisible sur la Terre.

En avant, Mars !

Vladimir

E-mail d'envoi

Bonjour à tous,

Un super week-end, avec un samedi à l'aventure et un dimanche calme. Toujours sans batteries pour la caméra digitale. Les textes et les photos suivent.

Martiennement vôtre

Vladimir

Extrait du log-book d'activités journalières

Samedi matin, réveillé donc à 8h15. Sans me laver ni petit-déjeuner, j'ai repensé au problème du tank d'eau extérieur et essayé de trouver une solution simple. Suis remonté à 9h pour le petit déj. jusque 9h40 et avec l'équipage, on est descendu pour redresser le tank. Vers 10h30, Jan, David et moi avons laissé Andréa et Nancy terminer les opérations d'eau et sommes montés préparer la navigation pour notre sortie EVA jusqu'à l'heure du dîner, vers 12h30. À 13h45, sommes descendus nous préparer et enfiler nos scaphandres EVA, et avons quitté le sas vers 14h15. Avons déposé les poubelles à l'endroit extérieur convenu et nous nous sommes mis en route sur les ATV à 14h30 jusqu'à 18h55. Sommes rentrés dans le Hab et sortis du sas à 19h précises.

Pas de rapport aujourd'hui, mais j'en écrirai un plus long demain. Passé la soirée à écrire autre chose et à essayer d'envoyer mon rapport d'activités scientifiques. J'ai passé une bonne partie de la soirée à réduire la taille des photos digitales, et finalement à envoyer le tout comme un fichier PDF. Vers minuit, une voiture est arrivée avec trois jeunes visiblement bourrés. Ils ont tourné autour du Hab et avec Jan, on se tenait prêt à intervenir, mais ils sont partis d'eux-mêmes. (...)

Lundi 15 avril 2002, Jour 9

Salutations martiennes, Terriens !

Au moment où je vous écris (lundi midi), nous sommes pris en plein dans une sévère tempête de sable avec un vent soufflant à plus de 80 km/h. Ça ne paraît pas beaucoup, mais quand on est en plein milieu d'un désert de sable, on en prend plein la figure. Littéralement. Nous ne voyons plus ni le ciel ni le soleil, rien que de la poussière et du sable tout autour. Nous venons de consolider la fenêtre côté sud, qui prend les bourrasques de plein front. Toute la structure du Hab tangue et grince de toutes parts et nous nous demandons s'il tiendra le coup. Impressionnant !

Ce matin, avant la tempête, j'ai été vérifier la serre et le niveau d'eau d'irrigation est assez bas. Nos plantes se portent bien, merci. La tige la plus haute des radis est maintenant de 8 cm, venant d'un déjà étonnant 7 cm il y a moins de 12 heures. Nous avons retiré deux radis et, bien que nous n'ayons pas vu de bulbe rouge, avec Andréa nous avons goûté la tige et les feuilles et leur goût était délicieux. En bas, au labo, j'ai fait de même pour la salade roquette avec Nancy. Cela présage une excellente salade en fin de semaine.

Nous venons de terminer notre déjeuner de midi. David, notre DOC, nous a préparé une soupe façon « tempête de sable » (laissez tomber le poivrier dans la casserole de soupe et vous comprendrez !) et des tacos au thon rouge piquant. David est texan, comme vous pourriez le deviner. Nous avons toujours l'intention de sortir cet après-midi mais à voir la carte météo reçue par satellite, nous ferions mieux d'attendre puisqu'un orage avec tempête est annoncé.

Il est à présent 19h. Nous sommes finalement partis en expédition EVA. Nous voulions en faire deux initialement : une proche pour collecter des échantillons biologiques près du Hab et une autre d'exploration en ATV. J'étais de la première sortie avec Nancy, pour collecter des échantillons de sol dans l'entourage immédiat du Hab afin de vérifier la contamination bactérienne que les activités humaines introduisent dans l'environnement. Six échantillons devaient être prélevés. Jeu d'enfant, me direz-vous : il suffit de se baisser, de racler le sol avec sa petite éprouvette et de ramasser ce qu'il faut. Très juste, mais pas avec un scaphandre EVA de 20 kg sur le dos et avec une tempête de sable soufflant à 80 km/h.

Nous avons essayé une première fois, mais le sac contenant les éprouvettes a été emporté par le vent et vous pouvez oublier d'essayer de courir en scaphandre EVA. Nous avons dû abandonner et retourner dans le Hab. Nous avons reconfiguré nos équipements, nos scaphandres et le contenu de nos poches et nous avons attaché tous les sacs et outils dont nous avions besoin. Nous sommes retournés dans la fournaise et cela a finalement marché. Nous avons pu collecter nos six échantillons, mais cela nous a pris plus du double du temps initialement prévu. C'était un excellent entraînement et une excellente simulation d'une sortie EVA dans une tempête de poussière martienne. Sur Mars, ce genre de tempête peut durer des semaines ou des mois sans interruption, et les premiers équipages devront affronter ce genre de situation pendant leurs expéditions EVA.

De retour dans le Hab, nous avons été accueillis par une odeur étrange et vaguement familière. Non, cette fois-ci, il ne s'agissait pas de la toilette, mais du pain fraîchement cuit. Oui, notre DOC de ce jour, David, a réussi à faire marcher le four à pain emmené par Andréa et nous avons sur la table un pain frais et encore fumant.

Nous avons maintenant passé le cap de la semaine à vivre et travailler ensemble et nous nous complémentons assez bien. Il n'y a pas de tension dans l'équipage et nous partageons un bon moment ensemble. Aujourd'hui aurait pu être difficile avec ce vent fou qui n'arrête pas de souffler, mais il ne semble pas affecter le moral de l'équipage. Nous avons eu Elton John et Bruce Springsteen comme fond musical (prérogative du DOC : il choisit la musique du jour) et cela nous a certainement aidé à nous balancer au rythme de la musique et du vent. Et voici la pluie qui nous tombe dessus ! Cela vient de commencer et on espère que cela nettoiera la poussière.

Des médaillons de porc *Ophir Chasma* sont au menu ce soir, avec un pain en forme de planétésimal (c'est-à-dire ayant une forme répondant au doux nom scientifique de patatoïde), des haricots verts de Mars-la-Rouge, et des fajitas. Et ce soir, on regarde la deuxième partie de *Dune*. Voilà : l'un dans l'autre, tout va bien dans cette tempête martienne et à bord de notre vaisseau en train de tanguer.

Recevez nos salutations les plus martiennes.

En avant, Mars !

Vladimir

E-mail d'envoi

Bonjour à tous,

Un jour de tempête et de sable, mais tout va bien à bord et tout est cool sur Mars.

Les photos suivent ci-après.

Bien amicalement.

Vladimir

Mardi 16 avril 2002, Jour 10

Salutations martiennes, Terriens !

Après la tempête de sable d'hier, nous avons eu un temps ensoleillé et plus froid, autour de 15 degrés. Ce matin, je me suis réveillé tard, vers 9 h, juste à temps pour le briefing du matin, en sautant le petit déjeuner. Ce qui vous montre que nous sommes pas mal occupés ici et qu'encore une fois, j'ai terminé mes rapports et travaillé par internet pour mon boulot à l'ESA jusque tard dans la nuit. La matinée, après le briefing, a été consacrée à relire et corriger des rapports sur notre expédition EVA d'hier et sur les résultats scientifiques obtenus.

Vu le changement de météo, une longue expédition EVA a été décidée avec Andréa, Jan et moi-même pour récupérer des collecteurs d'échantillons biologiques à différents endroits, pour explorer une nouvelle route vers la rivière et pour ramasser des échantillons de boue pour notre biologiste. Après un repas rapide préparé par notre commandant Bill Clancey, nous avons enfilé nos scaphandres et j'ai réussi à répéter une procédure que j'ai mise au point pour enfiler seul et sans aide le scaphandre et tout l'équipement associé. Nous avons quitté le Hab à trois heures et après avoir récupéré le premier collecteur de poussière et avoir replanté le drapeau martien, nous avons pris la direction du nord en ATV par l'autoroute de Lowell. J'étais de nouveau le commandant de cette expédition. Nous avons mesuré les coordonnées GPS de plusieurs points avec nos trois systèmes GPS (chacun de nous trois a son propre récepteur GPS portable) et nous avons encore réussi à trouver des valeurs différentes. En route, notre géologue Andréa Fori a pris plusieurs photos de formations rocheuses et de couches géologiques intéressantes. Nous avons passé le « carrefour de Dimitri » et la « colline de Bruxelles » pour arriver à un autre endroit baptisé « Route 66 ». De là, nous avons tourné vers l'ouest, à l'aventure, pour essayer un nouveau chemin. Très vite, la piste s'est terminée en quelques sentiers que nous avons tous explorés et en prenant les coordonnées GPS à chaque fois que nous ne pouvions pas aller plus loin, à cause de rochers ou de falaises. Nous avons rebroussé chemin jusqu'à la « colline de Bruxelles » pour essayer une autre route de là, mais sans succès. Nous avons de nouveau rebroussé chemin plus loin, jusqu'au « carrefour de Dimitri » pour prendre une autre piste qui mène jusqu'à un point géodésique plus à l'ouest. Ceci est typique des expéditions d'exploration : vous voyez sur la carte où vous voulez arriver mais vous ne savez pas comment parce que la route n'existe pas (encore) ou parce que vous tombez sur des obstacles infranchissables.

Du point géodésique, nous sommes repartis vers le nord en suivant le canyon principal, d'abord sur une falaise et puis en descendant graduellement par différents passages pour arriver au fond du canyon lui-même. Nous avons suivi la route du canyon qui nous rappelait l'autre jour l'endroit où Luke Skywalker a rencontré Obi Wan. Nous sommes arrivés sur cette route à l'endroit où nous nous étions arrêtés il y a quelques jours, un endroit que nous appelons la « jonction des ravines en Y », puisque deux ravines se rejoignent au fond du canyon. Il n'y a pas moyen de passer autrement que de descendre dans ces ravines en ATV et de remonter de l'autre côté.

Nous avons continué dans ces paysages splendides et avons finalement trouvé l'accès à la rivière au fond du canyon dans un décor à la Lucky Luke. Heureux et soulagés d'avoir trouvé cet accès, nous avons ramassé nos deux échantillons de boue près de la rivière et dans la rivière. Ensuite, comme il nous restait du temps devant nous, la traversée de la rivière et l'exploration de l'autre côté nous semblaient indiquées. En remontant le cours de la rivière, nous nous sommes retrouvés bloqués par des rochers infranchissables en ATV. Il nous fallait retraverser la rivière. Étant en tête, je suis passé le premier là où, suivant l'expression consacrée, la main de l'homme n'a pas encore mis le pied et où l'eau me semblait peu profonde. Bien que les premiers mètres se soient passés sans problème, j'ai rapidement compris pourquoi cette rivière portait le nom de *muddy* (boueuse) : mes roues arrières étaient aspirées par une boue collante, je m'enfonçais de plus en plus et mon moteur s'est vite arrêté. Eh oui, comme en Arctique ! Rapidement, nous avons mis au point par radio un plan de secours. Jan et Andréa retourneraient là où nous avions traversé la première fois, passeraient de l'autre côté et viendraient se mettre à ma hauteur. Heureusement, nous avions pris une corde avec nous. Attachant celle-ci à nos deux ATV, Jan a pu me tracter hors de la boue jusqu'à une petite île au milieu de la rivière, d'où j'ai pu redémarrer et terminer la traversée. Cette opération de sauvetage ayant consommé tout notre temps, nous avons décidé de rentrer au Hab par le plus court chemin, puisque la nuit allait tomber dans moins d'une heure. Sur le chemin du retour, nous avons tous les trois été bloqués à tour de rôle à la « jonction des ravines en Y ». Nous avons dû nous y mettre à trois, ensemble, pour débloquer et faire passer chacun des ATV. À un certain moment, Andréa s'est étalée de tout son long sur le dos, restant bloquée sur son équipement de support-vie, sorte de gros sac à dos des scaphandres EVA. Comme une tortue. Impossible pour elle de se relever ou de se retourner. Nous avons lâché nos ATV et sommes accourus, Jan et moi, afin de lui prêter main-forte, heureux que rien de plus grave ne lui soit arrivé et riant de sa fâcheuse posture. Nous sommes finalement rentrés au Hab, après avoir récuperé les deux derniers collecteurs d'échantillons. De nouveau, quelle expédition géniale ! Cinq heures dans le désert et dans ces décors martiens surréalistes ! Et en plus, de nombreuses leçons pour l'exploration de Mars, comme celle d'une équipe bloquée qui parvient à secourir seule un des siens, sans aide extérieure.

Nous sommes arrivés au Hab juste à temps pour le souper, comme notre commandant, remplissant ses devoirs de DOC, nous avait préparé des boulettes de viande spatiales avec des pâtes et une sauce *Valles Marineris* et du pain fraîchement cuit. Pour finir cette superbe journée, nous avons regardé le dernier épisode de *Dune* (vraiment un bon film) jusqu'aux environs de minuit.

Passez une bonne nuit de récupération martienne sur Terre.

En avant, Mars !

Vladimir

E-mail d'envoi

Bonjour à tous,

Une journée géniale, et tout est toujours superbe sur Mars. Quant aux photos, eh bien, elles sont passées dans un univers parallèle et elles reviennent vers vous !

Bien amicalement.

Vladimir

Mercredi 17 avril 2002, Jour 11

Salutations martiennes, Terriens !

Aujourd'hui, nous avons eu à combattre à nouveau les vents sauvages du sud. Notre vaisseau est de nouveau en train de tanguer et de rouler sous l'action des éléments. Notre serre s'est presque envolée et a eu besoin de quelques réparations. Nous avons passé la majeure partie de la matinée à resserrer les câbles et tendeurs qui la tiennent fixée au sol. La porte de la serre a été arrachée et emportée par le vent soufflant en bourrasques plus fortes qu'il y a deux jours. Nous avons colmaté du mieux possible l'entrée avec de la bande adhésive, mais je crains que cela ne tienne pas la nuit.

L'expédition EVA de ce jour était consacrée à la biologie et à la géologie de terrain. Notre commandant Bill Clancey a pris la géologue Andréa Fori et la biologiste Nancy Wood en expédition dans le canyon de Lithe où la rumeur veut que des ossements de dinosaures soient visibles. Jan, David et moi-même sommes restés de garde au Hab pour éviter qu'il ne soit emporté ou coulé par le vent et le sable.

J'ai passé presque la totalité de la journée à écrire et terminer des rapports, réparer ce qui pouvait l'être dans la serre et réfléchir à combien cette simulation était semblable et différente de celle de l'année dernière dans le cercle arctique canadien.

Premièrement, les deux Habs sont semblables, mais il y a quelques différences. L'escalier qui mène du rez-de-chaussée au premier est plus raide et placé dans l'autre sens, ce qui donne plus de place pour les labos de géologie et de biologie du rez-de-chaussée. Les chambres individuelles sont aménagées avec un nouvel espace de travail assez réduit mais suffisant et quelques étagères mais pas suffisamment. Ensuite, la manière dont nous conduisons nos activités est différente. Ici, nous avons deux semaines pour effectuer notre travail de recherche, comparé à seulement une semaine l'année dernière en Arctique. Ce qui veut dire que nous sommes plus à l'aise pour l'organisation générale du travail, sans que cela signifie que nous ayons moins à faire (que du contraire...). Nous sommes aussi plus impliqués dans les décisions et plannings quotidiens. Des améliorations ont également été apportées aux scaphandres EVA et autres équipements. Par exemple, nous avons maintenant des rétroviseurs portatifs qu'on peut adapter sur l'avant-bras ou le gant, ce qui manquait l'année dernière et que plusieurs personnes avaient demandés pour rouler en ATV. Et de plus, nous avons une serre cette année. Bien sûr, elle n'est pas encore tout à fait opérationnelle, mais nous l'utilisons déjà pour y faire pousser des plantes et pour quelques expériences de biologie. L'autonomie d'un équipage par la production de sa subsistance deviendra un sujet majeur de recherche dans les années à venir pour mieux préparer les scénarios des missions martiennes. Et puis, l'isolement est différent. L'année dernière, nous étions dans un endroit beaucoup plus reculé et difficile d'accès sur cet île de Devon ; mais la proximité du camp de base, l'utilisation de la radio entre le Hab et le camp de base et la présence quasi constante d'un cameraman de *Discovery Channel* et occasionnelle d'un journaliste rendaient le sentiment d'isolation plus relatif. Cette fois-ci, bien que nous soyons en plein milieu du désert, nous ne sommes qu'à quelques kilomètres d'une petite bourgade du milieu des États-Unis. Cependant, l'absence de contact radio et le délai des communications par e-mail, l'absence de tout visiteur (si ce n'est le gars du coin qui nous apporte l'eau et l'essence tous les quelques jours et avec qui nous n'avons aucun échange) rendent cette isolation beaucoup plus réelle. Nous sommes vraiment en train de vivre à six et nous ne pouvons que nous parler entre nous, nous confier l'un à l'autre, dépendre l'un de l'autre, interagir et communiquer seulement entre nous six. Et cela marche bien. Nous n'avons eu à aucun moment des périodes de crise. Tout a été affronté et résolu avec efficacité et dans la bonne humeur.

Il y a certainement encore des choses à changer et à améliorer, mais progressivement, les commentaires et les leçons du passé sont incorporés dans les scénarios des simulations futures et dans le design des Habs à venir. La construction du prochain Hab est presque terminée et il sera installé en 2003 en Islande. Cet Hab sera d'abord exposé à Chicago de juin à octobre 2003 et puis sera envoyé en Europe où la *Mars Society* européenne le gérera entièrement. Le quatrième Hab sera installé dans le désert australien en 2004.

Ce soir, comme l'événement est annoncé sur le web un peu partout, nous ferons une sortie EVA pour observer le ciel à la recherche de l'alignement des planètes et de la Lune. Tout baigne sur Mars.

En avant, Mars !

Vladimir

E-mail d'envoi

Bonjour à tous,

Toujours très venteux et la serre a presque disparu mais on tient bon le cap.

Les photos arrivent de l'univers parallèle voisin.

Bien amicalement.

Vladimir

Rapport sur l'état de la serre au centre de contrôle de la mission, 17 avril 2002

Ce matin, nous avons inspecté la serre avec le chef ingénieur du Hab, Jan Osburg, après les vents violents de ces deux derniers jours. Ce matin, le vent soufflait encore assez violemment.

Nous avons constaté les dégâts suivants et avons essayé de réparer au mieux.

1) La structure semble avoir tenu. Nous avons resserré les câbles et lanières autour de la surface cylindrique et les six cordes d'amarrage de l'ensemble. Nous avons placé de la grosse bande autocollante sur les crochets au sol pour éviter qu'ils ne se détachent sous l'action du vent.

2) Le matériau formant l'enceinte cylindrique de la serre est endommagé par endroits. Trois endroits sont visibles où le vent a déchiré et tordu ce matériau (au sommet et sur les deux côtés). Il semble inutile de vouloir les réparer avec de la bande adhé-

sive : premièrement, il est difficile d'y accéder avec le vent soufflant toujours en force ; deuxièmement, le vent les redéchire immédiatement. Nous les avons laissés tels quels pour le prochain équipage, qui devrait venir avec le matériel technique nécessaire à la réparation.

3) La porte à fermeture éclair, qui avait été placée le dimanche 7 avril par Frank Schubert et son équipe technique, a été arrachée par le vent. Les grosses bandes adhésives qui fixaient la toile bleue de remplacement ont été emportées par le vent et ce midi, le vent et le sable ont emporté le reste de la fermeture éclair. Par la suite, le vent a déchiré par endroits la toile bleue de remplacement. Nous l'avons refixée du mieux possible, mais cela a absolument besoin d'une réparation plus permanente.

4) J'ai ajouté deux seaux d'eau supplémentaires dans le réservoir bleu où la pompe est toujours active. Les tuyaux de distribution sur les présentoirs ont également été arrachés par le vent.

J'attache quelques photos à votre attention pour vous permettre de mieux visualiser les problèmes que nous connaissons. La cause principale réside dans les fortes bourrasques de vent qui emportent tout sur leur passage, avec l'action abrasive combinée du sable volant.

En général, je pense que le design de cette serre n'a pas été conçu pour résister aux vents que nous avons connus ici et devrait être amélioré pour une utilisation sur Mars. Par exemple, si une configuration cylindrique devrait être gardée (à cause de la pressurisation par exemple), pourquoi ne pas placer la serre sur un des côtés circulaires plats et garder une structure cylindrique verticale ? La forme de la serre ainsi obtenue permettrait une meilleure occupation du volume intérieur, avec plus de racks et de présentoirs, une surface totale moindre et une section réduite à l'action du vent.

Faites-nous savoir si nous pouvons faire quelque chose de plus.

Vladimir

Jeudi 18 avril 2002, Jour 12

Salutations martiennes, Terriens !

Gros tohu-bohu hier soir : Nancy a découvert un scorpion sous son lit. Après vérification sur le web, il s'agissait d'un *Centruroides exilicauda*. Venimeux et mortel pour les enfants. Surprenant ! Un si petit animal (à peine 2,5 cm) et si antipathique. On nous a rappelé de vérifier nos sacs de couchage le soir et nos chaussures au matin, vu que ces charmantes petites bêtes aiment les endroits sombres, chauds et humides.

Le temps est devenu froid pendant la nuit. La température la plus basse était de cinq degrés. Ce matin, pendant notre briefing, nous avons discuté de la fin approchante de notre simulation. Il est vrai que le temps a passé si rapidement et que nous étions tellement occupé que personne ne s'est réellement rendu compte que nous approchions de la fin. Dans trois jours, ce sera fini. En réalité, l'isolement prendra déjà fin samedi puisque nous aurons la visite de neuf groupes de journalistes de la presse écrite et des télévisions américaines et européennes. Après l'isolation, l'invasion. Nous avons commencé à préparer avec David, notre journaliste résidant, ce qu'il fallait dire aux médias et comment le dire. Demain sera un grand jour de nettoyage. Notre ingénieur de service, Jan Osburg, a remarqué que la toilette bio ne fonctionnait pas de manière optimale (c'est le moins qu'on puisse dire). Il a donc décidé de la nettoyer avant demain. Nous avons dû ouvrir toutes les portes et hublots et le vent, pour une fois, était le bienvenu...

Cet après-midi, tout le monde avait un tas de choses à faire et à terminer ; tout le monde a réalisé que dans quelques jours tout serait terminé. Personne n'était donc vraiment intéressé par une sortie EVA, à part Jan et moi. Nous nous sommes habillés au milieu de l'après-midi et avons commencé par arranger quelques affaires dans la serre, comme remplacer l'enregistreur de paramètres atmosphériques et brosser les panneaux solaires (oui, c'est quelque chose que les astronautes sur Mars devront faire régulièrement après chaque tempête de sable). Nous sommes ensuite partis vers *Candor Chasma* pour revisiter cet incroyable endroit découvert avec Andréa le quatrième jour. Il m'a semblé que l'endroit avait changé après la tempête de sable et les pluies que nous avons eues ce week-end. Serait-il possible que les paysages sur Mars soient également si changeants et réarrangés par le vent comme sur Terre ? Nous avons quitté *Candor Chasma* pour attaquer la prochaine étape de notre sortie : trouver une voie d'accès au *Skyline Rim*. Mmmh ! *Skyline Rim* est une autre affaire, une grosse affaire. C'est un plateau, surélevé, immense datant du Crétacé et s'élevant à 130 m au-dessus de la plaine environnante. Pas facile à passer, ni à monter avec les ATV. Nous avons d'abord essayé par le nord mais sans succès, puis par le sud pour essayer de le contourner. Et on a roulé, roulé, jusqu'à une rivière encore une fois infranchissable, sans passage en vue pour monter *Skyline Rim*. Comme l'ATV de Jan avait un pneu plat et qu'il n'est pas facile de trouver un garage dans le désert, nous sommes rentrés à faible allure. En route, nous avons pris également les coordonnées GPS de quelques points géodésiques dans le désert, afin de nous permettre de retracer notre chemin sur la carte. Nous sommes finalement arrivés sans problème au Hab.

Nos plantes vont bien, merci ! Elles poussent sans arrêt : la tige de radis la plus longue est maintenant de 10,5 cm et elle est rattrapée par une tige de chou tatsoi qui a la même hauteur dans le labo au rez-de-chaussée. Qui va gagner ? On devrait le savoir samedi soir, quand on les récoltera tous pour en faire une salade.

Ce soir, notre festin sera fait de saté *Nirgal*, préparé par Nancy. Ne demandez pas ce que c'est. Il y a de la viande, des légumes non identifiés et quelques herbes qui viennent de notre serre martienne. C'est ce qui rend ce plat si spécial.

Ce soir aussi, nous avons droit à souffler et à profiter d'un moment de détente. Nous regarderons un DVD. On hésite entre *Matrix*, *Spaceballs* et *Starship troopers*.

Vous voyez, la vie continue et la journée tire à sa fin avec des humains ayant toujours les mêmes préoccupations que dans n'importe quelle autre maison sur notre planète, qu'elle soit la Terre ou Mars.

Bonne soirée martienne, Terriens !

En avant, Mars !

Vladimir

E-mail d'envoi

Bonjour à tous,

On s'est rendu compte aujourd'hui que ce serait bientôt fini. On a encore tellement à faire... L'autre univers parallèle vous livrera les photos dans pas longtemps.

Bien amicalement.

Vladimir

Vendredi 19 avril 2002, Jour 13

Salutations martiennes, Terriens !

C'est notre dernier jour d'isolation. Demain, nous aurons des invités et des visiteurs, puisque nous aurons une journée portes ouvertes, pendant laquelle nous ferons visiter la maison. Je serai le DOC demain et j'aurai à trouver le moyen de nourrir 14 ou 15 personnes avec ce que je trouverai dans les armoires, c'est-à-dire les restants et les boîtes de thon.

Aujourd'hui était le grand jour de nettoyage, mais seulement l'après-midi, puisque, au matin, il nous fallait encore terminer certains travaux et des rapports. Ainsi, j'ai arrosé les plantes, leur ai parlé gentiment (comme on les mange demain...), les ai mesurées (11 cm pour la plus grande tige de radis dans notre living-room). J'ai terminé un rapport de synthèse du travail scientifique et le rapport de notre expédition EVA d'hier (les deux sont accessibles sur le web), ainsi que quelques autres choses. J'ai rempli un questionnaire pour une expérience de psychologie. Et l'après-midi, je suis devenu le spécialiste du *Shop-Vac*, un aspirateur géant utilisé en milieu industriel. Cela nous a pris deux heures et demie mais l'endroit brille comme un sou martien neuf. Il n'y a plus un grain de poussière ou de sable en vue. Après quoi, Nancy et moi sommes allés à pied rechercher des collecteurs d'échantillons qu'elle avait placés dans le sable non loin du Hab. En chemin, nous sommes tombés sur les traces d'un couguar, un lion des montagnes, et à en juger par la taille de ses traces, c'était un gros. Ce désert n'est pas si désert après tout.

Et puis, c'était déjà le soir, après une dernière journée chargée que nous n'avons pas vu passer. Notre chef DOC Andréa nous a préparé un pot-au-feu à la *Nectaris Fossae*, avec du riz. De nouveau, ne cherchez pas à savoir ce que c'était. Je n'en connais pas le secret. Tout ce que je peux vous dire, c'est qu'il y avait de la viande et des légumes, mais lesquels ? Tout nos légumes frais ont disparu depuis longtemps. Il y avait aussi des fruits secs et de l'ail, ça je l'ai reconnu. Mais c'était bon !

Nous avons regardé un DVD ensemble ce soir aussi : c'était le film d'animation *Titan A.E.* Beaucoup mieux que *Starship Troopers* d'hier soir, qui était franchement et réellement mauvais.

Ceci sera probablement mon dernier message de la Station martienne de recherche du Désert. J'essayerai de vous écrire demain, mais plus que probablement je ne pourrai vous l'envoyer que dimanche depuis l'aéroport interplanétaire de Salt Lake City sur Terre. J'ai pris plaisir à vous raconter nos aventures et ce qui s'est passé pendant que nous simulions cette mission martienne de deux semaines dans le désert de l'Utah. J'espère que cela vous a donné des idées pour aller visiter la planète Mars. En espérant vous y rencontrer dans ce nouveau pas en avant de l'humanité, je vous envoie mes meilleures salutations martiennes.

En avant, Mars !

Vladimir

E-mail d'envoi
Bonjour à tous,
Dernier jour d'isolation. Presque tout est fini.
Les photos de l'univers parallèle arrivent en série.
Bien amicalement.

Vladimir

Après

Le dernier jour et le retour

Oui, le dernier jour. Que s'est-il passé ce samedi 20 avril 2002 ? Comme prévu, ce fut une journée extrêmement chargée. Tellement chargée que je n'ai pas eu le temps d'écrire quoi que ce soit. Je vous livre donc maintenant quelques bribes de souvenirs de ces deux derniers jours.

Au réveil de samedi matin, tout le monde était fort affairé pour préparer notre journée « Portes ouvertes » et la visite des médias. Nous avons chacun mis un badge avec nos noms et qualités. Étant le directeur des opérations culinaires du jour, après le petit déj., je me suis attelé à préparer quelques sandwiches et toasts pour nos visiteurs. Comme il faisait relativement froid et pluvieux, j'ai également préparé deux grandes casseroles de soupe chaude et quelques litres de café, le tout toujours en jonglant avec les deux plaques chauffantes électriques, menaçant de faire sauter les fusibles du générateur. Les journalistes et cameramen étaient prévus vers onze heures. Et ils sont arrivés, une bonne trentaine, avec caméras, appareils photo, micros, petit carnets et stylos. Il y avait là des télévisions américaines et européennes : la *Fox TV* de Phoenix en Arizona, une chaîne de TV californienne, la *RTL-TV* allemande, une autre chaîne de TV suédoise ; des journalistes de la presse écrite américaine et européenne et des photographes des deux continents. Nous avons été interviewés à tour de rôle, surtout notre commandant Bill qui a fait plusieurs fois le tour du propriétaire et a expliqué les buts de notre simulation et les expériences effectuées. L'attention des médias s'est également portée sur la charmante Andréa et sur Jan. Tant mieux. Pendant ce temps-là, j'ai pu m'activer en cuisine et servir des boissons chaudes à tout le monde. J'ai essayé de cuire un pain frais pour accompagner les quelques restes de thon à la mayonnaise et les derniers bouts de fromage qui traînaient au fond du frigo. J'ai rapidement éteint le four à pain quand j'ai remarqué avec Andréa une fumée épaisse qui commençait à s'échapper du four. En étouffant nos fous rires pour ne pas gêner les interviews en cours, nous avons discrètement débranché le four et l'avons rangé dans une armoire. On verrait ça plus tard. J'avais raisonnablement la paix, jusqu'au moment ou quelqu'un a sorti : « Oh, mais nous avons également un candidat astronaute dans notre équipage », et hop, le tour était joué. Fini de me cacher dans mes torchons et mon frigo. J'ai donc raconté plusieurs fois mon histoire et pourquoi il était important de préparer les voyages sur Mars. Nous avions également prévu de montrer comment enfiler les scaphandres EVA et la manière dont une sortie EVA était conduite. À deux, avec Jan, nous avons donc enfilé nos combinaisons et sommes sortis du sas pour nous trouver nez à nez avec une dizaine d'objectifs de caméras et d'appareils photo. Le temps s'était remis au beau, heureusement. On nous a fait escalader la petite colline des couguars prêt du Hab, on nous a fait poser au sommet de la colline en regardant l'horizon, on nous a fait marcher et remarcher plusieurs fois pour la TV. Et ainsi de suite, jusqu'au moment où nous avons enfourché nos deux ATV et avons été suivis de loin par les jeeps et camionnettes des cameramen et photographes pour aller poser plus loin parmi les rochers. Un des photographes nous a tenus près d'une heure à regarder le soleil et à essayer de faire des effets de couleurs. Ce petit cirque médiatique a duré jusqu'à cinq heures de l'après-midi. Et apparemment, cela a eu un succès assez impressionnant. Nous avons fait la une des suppléments du week-end de plusieurs journaux aux USA, en Angleterre, en Irlande, en Espagne, en Allemagne, etc. Finalement, les journalistes et cameramen étant rassasiés d'images et de poses sont partis et nous ont laissés nous retrouver entre nous. Bien sympathique mais assez éreintant et quelque part un peu envahissant après deux semaines d'isolation. Nous avons remis de l'ordre dans le Hab, et comme la simulation était terminée, nous nous sommes offert une balade dehors, une vraie, sans scaphandres, rien qu'entre nous six. Nous avons pris le van resté garé derrière une colline et nous sommes partis sur l'autoroute de Lowell, en direction du canyon de Lithe, pour aller nous balader à la recherche des traces de dinosaures. Et nous en avons trouvés. Des fossiles d'ossements de dinosaures, à même le sol, des morceaux d'os fossilisés. Impressionant et extraordinaire. C'est là, sur le sol, entre les rochers, pas encore ramassés et pas encore dans un musée, non : là en pleine nature sauvage. Nous sommes rentrés et nous avons alors préparé notre dernier repas ensemble. Nous voulions en faire quelque chose de spécial comme c'était notre dernier soir ensemble. Il nous restait trois bouteilles de vin et quelques bières. Étant toujours le DOC du jour, c'était à moi qu'incombait la tâche de préparer ce dernier souper. Avec Andréa et Jan, nous avons récolté nos plantes dans le Hab et dans la serre. Nous n'avons pas trouvé de bulbes, rien que des tiges et des feuilles. Nous les avons nettoyées, séparées par sortes et arrangées en salades pour l'entrée. L'expérimentation scientifique n'était pas terminée car il me fallait encore récolter les avis et impressions de tous sur le goût, la consistance et l'aspect de notre production alimentaire. Ce fut fort agréable et amusant. À tour de rôle, chacun a reçu une petite portion des huit salades et des quatre légumes du Hab et de la serre. Le tout a été dégusté suivant une recette italienne : cru avec un peu d'huile d'olive et de sel et un verre de vin blanc. Un délice, que nous avons goûté avec attention et bonne humeur, en couchant nos impressions sur papier. Le reste de ce repas de cinq plats était composé d'une autre entrée de poisson (c'est-à-dire une demi-sardine par personne, la dernière boîte), un plat de sauté de poulet au riz, du fromage (les derniers carrés restants du matin. Eh, il fallait bien finir le tout !) et pour le dessert, des poires confites au chocolat. Pas mal du tout et bien apprécié par l'équipage. Le tout s'est terminé dans la bonne humeur, à minuit bien passé. J'ai terminé de tout ranger et de faire la vaisselle vers deux heures du matin, bien content de cette journée.

Le lendemain matin, les derniers rangements : tout jeter dans les sacs et charger le tout dans le van. Le dernier équipage de cette campagne de simulation n'arriverait que lundi et nous devions partir ce dimanche matin pour attraper nos avions respectifs. Le passage de témoin serait assuré par Bill que son épouse avait rejoint et qui resterait encore dans les parages quelques jours. Nous nous sommes mis en route à cinq pour remonter vers Salt Lake City. Je me suis endormi dans la voiture et me suis réveillé au milieu des montagnes. Nous avions quitté le désert du sud de l'Utah pour arriver dans les régions montagneuses du nord. Quelle différence ! De la neige sur les sommets après tant de chaleur ! Nous avons déposé Andréa et David à l'aéroport pour leur vol de retour vers la fin de l'après-midi et sommes restés avec Nancy et Jan. L'hôtel où nous avons passé la nuit avait une piscine intérieure et quel délice, après tant de jours dans le sable et la poussière, de pouvoir s'immerger sans compter les secondes. Tout le monde s'est mis tôt au lit, après avoir fait ses adieux à Nancy qui prenait un avion très tôt le lundi matin. J'ai regardé CNN dans ma chambre et un des titres de la journée était les élections françaises, avec Chirac et Le Pen se retrouvant au deuxième tour. Dans quel monde étrange nous revenions !

Lundi matin, nous sommes partis directement à l'aéroport avec Jan, les deux Européens de l'équipage à être encore là. Nous avons pris un copieux petit déjeuner à l'américaine et nous nous sommes séparés en nous jurant de nous retrouver. Le voyage de retour, via New York, s'est passé sans encombres. J'ai pu dormir quelques heures dans l'avion me ramenant à Amsterdam. Je suis arrivé à la maison mardi matin, j'ai pris une douche, changé de vêtements et je suis parti travailler. Une montagne de courrier et d'e-mails m'attendait au bureau. Eh oui, la vie a continué pendant que j'étais sur Mars dans le désert ! Il me fallait maintenant rattraper deux semaines d'absence au boulot. Et me voilà, repris par le tourbillon de la vie de tous les jours, du travail et des projets, tous plus urgents les uns que les autres.

Mais quelle expérience, encore une fois unique et inoubliable.

En avant, Mars !

Qu'avons-nous appris de cette nouvelle simulation ?

Eh bien, pas mal d'autres choses encore !

D'abord, qu'il était possible pour un équipage de vivre et de travailler en harmonie en isolation pendant deux semaines. Assez étrangement, personne d'entre nous ne s'est senti réellement isolé. Bien sûr, nous étions coupés du monde et de ce qui s'y passait. Mais nous avons été tellement occupés par nos différentes recherches que nous n'avons pas vu le temps filer. Et finalement, ces deux semaines nous ont paru bien courtes, trop courtes pour ce que nous avions à faire. Je crois que c'était là le secret de la réussite de notre rotation : nous avions chacun un programme de travail scientifique qui nous a tellement absorbés qu'à aucun moment nous ne nous sommes sentis désœuvrés ou perdus. Bien au contraire, nous aurions voulu rester encore quelques jours pour terminer nos activités. D'une certaine manière, cette simulation était beaucoup plus relax que celle de l'année passée en Arctique. Nous avions l'impression d'avoir plus de temps et, finalement, nous nous sommes rendu compte que ces deux semaines n'étaient pas encore suffisantes. Une autre différence était le fait que nous étions beaucoup plus libres de nos horaires et de la manière de conduire nos investigations. En Arctique, puisque notre séjour était limité à une semaine, nous devions constamment nous dépêcher pour mener à bien toutes les tâches et activités scientifiques. Cette fois-ci, nous avons pu aborder le tout de manière plus personnelle, bien que nous ayons travaillé également en groupe.

Comme déjà souligné, un des aspects les plus importants de nos expéditions EVA était l'utilisation importante du système GPS de positionnement global. Il est apparu également que ce n'était pas si simple de naviguer et de retrouver les points déjà marqués par les équipages précédents. Il y a là matière à réflexion pour améliorer cet aspect d'exploration sur le terrain. Plusieurs problèmes ont été mis en évidence. D'abord, le manque de référence au système de coordonnées utilisé : par rapport à quelle origine et quel modèle de la Terre les coordonnées notées ontelles été exprimées ? Il y a plusieurs dizaines de systèmes de référence (et même plusieurs sous-systèmes dans un même système) et ceux-ci n'étaient pas toujours notés. Ceci a entraîné pas mal de confusion et des différences sur le terrain de plusieurs centaines de mètres, suffisamment pour ne pas pouvoir retrouver le point désiré. Ensuite, reporter un point de destination sur une carte n'est pas suffisant pour pouvoir le retrouver parce que le chemin y menant en ligne droite pourrait ne pas être praticable ou pourrait inclure des obstacles infranchissables, nécessitant des essais par plusieurs routes, ce qui n'est pas toujours possible quand le temps d'une expédition est compté. De plus, il faudrait pouvoir confirmer le point d'intérêt à retrouver par une information indépendante des coordonnées, par exemple une information sur l'aspect visuel de l'endroit à retrouver, sous forme soit d'une description textuelle ou d'une photo digitale, assurant sans ambiguïté qu'on est bien arrivé à destination. Le problème est donc l'archivage et les notes dans une banque de données et la quantité totale d'informations stockées. Plusieurs tentatives de remise en ordre d'une banque de données des points visités ont été réalisées par les équipages précédents et par le nôtre. Aucune solution réellement satisfaisante n'a pu être trouvée, cela dû principalement à la quantité énorme d'informations enregistrées, ce qui montre l'importance du problème pour établir un programme cohérent d'exploration d'une nouvelle région et, *a fortiori*, d'une nouvelle planète. Il faudrait donc des géographes (ou *aréographes...*) et des spécialistes en cartographie lors des missions martiennes, qui suivront les premières missions pour pouvoir mettre de l'ordre dans tout cela.

Un autre question qui s'est posée pratiquement pendant cette simulation était comment éviter la contamination par le sable des appareils électroniques et ordinateurs dans le Hab dès que le vent se met à souffler. Et même plus généralement : comment éviter que le sable ne rentre à l'intérieur du Hab. Bien sûr, notre Hab n'était pas pressurisé et donc le sable pouvait rentrer par les portes du sas et par les interstices des fenêtres et de la structure, aussi petits soient-ils. Mais le même problème se posera sans doute pour les explorateurs sur Mars, puisque la poussière martienne restera collée ou accrochée aux scaphandres EVA et pourra également s'introduire par les portes des sas d'une base martienne. Nous avons passé pas mal de temps au début à nettoyer les scaphandres EVA après chaque sortie et à nettoyer le

Hab l'avant-dernier jour. Il est inconcevable de penser qu'un équipage de quelque quatre, cinq ou six martionautes passe plusieurs heures par jour à constamment se battre contre la poussière et à nettoyer les scaphandres EVA et les différents appareillages et instruments. Cette question est loin d'être résolue et nous pensons qu'elle n'est même pas encore convenablement posée en termes réels. Personne ne s'est encore rendu compte du problème que les terribles tempêtes martiennes de plusieurs jours ou semaines pourraient causer et de l'effet destructeur et abrasif du sable emporté par les vents martiens. Pendant notre simulation, les dégâts à la serre du Hab et la présence constante du sable à l'intérieur du Hab en ont été une illustration aiguë pendant plusieurs jours. Jusqu'au moment où l'on s'y est habitué. Néanmoins, j'ai remarqué quelques jours après mon retour à la maison que je continuais d'expectorer des résidus de ce sable. Sans conséquences après un séjour de quelques jours, un séjour de plusieurs mois dans un environnement aussi poussiéreux que Mars pourrait se révéler dommageable pour la santé des premiers martionautes. La poussière martienne se retrouverait partout et également dans les organismes humains, dans les poumons, les yeux, les oreilles, etc. Un système de décontamination approprié devrait donc être envisagé pour nettoyer les scaphandres EVA et les sas par bains ou douches ultrasoniques et pour empêcher la poussière d'entrer dans la base martienne par des filtres suffisamment fins. Voilà encore du travail pour les ingénieurs qui planchent sur les designs des premières stations martiennes.

D'un point de vue scientifique, encore une fois, la quantité de résultats, d'informations et de données engrangés est énorme et il faudra encore plusieurs mois avant de pouvoir publier les résultats des expériences de biologie conduites dans et autour du Hab et des observations effectuées dans cette région du désert extrêmement riche et variée d'un point de vue géologique et paléontologique.

En ce qui concerne notre simple expérience sur les plantes, eh bien, plusieurs tendances ont été mises en évidence ! Cependant, ces observations ne sont pas suffisantes pour être concluantes quant à une décision au sujet du design d'une serre expérimentale martienne. Ce qui a été mis en évidence, ce sont les points suivants : les plantes installées dans le Hab ont été l'objet de beaucoup plus d'attentions et de soins de la part de l'équipage que celles installées dans la serre extérieure. Ce résultat aurait déjà pu être deviné par avance, mais néanmoins il a bien été confirmé par l'expérience dans cette simulation. Les commentaires des membres de l'équipage ont fait appel aux cinq sens humains : goûter, sentir, toucher, voir, entendre. Ce qui montre bien que certains d'entre nous ont réellement prêté attention à ces petites pousses. De plus, il est frappant de voir les commentaires faits par l'équipage sur ces petites plantes : certains étaient simplement intéressés (« Vivement qu'on puisse les manger ! »), d'autres plus profonds (« Je suis très impressionné de voir de la vie dans cet environnement austère et stérile, la seule forme de vie non humaine dans ce désert »), d'autres encore rappelant certains souvenirs (« Cela sent comme la forêt après la pluie à la maison »). D'un point de vue psychologique, il est indéniable qu'avoir une forme simple de vie dans le Hab, dont il faut s'occuper et dont il faut être responsable, a été une aide importante pour supporter l'isolement. Ceci est bien connu de certains cosmonautes sur la station Mir, qui passaient leur temps libre à chouchouter un petit jardin avec quelques plantes. Il est donc fortement recommandé de prévoir de prendre des plantes vertes avec soi lors des premières missions martiennes. On a également observé un cycle de deux à trois jours dans l'intensité et la fréquence des commentaires et du temps passé à observer et prendre soin des plantes dans le Hab, avec un pic évident d'attention les deux jours où les pousses ont commencé à sortir. On ne sait pas encore si cela est réellement un effet naturel, si l'attention augmente et puis diminue tous les deux ou trois jours, ou si cela est dû à des facteurs extérieurs, comme un horaire plus chargé pour d'autres activités les jours de moindre observation. Encore une fois, une simple expérience pendant une simulation a permis de mettre en évidence des facteurs comportementaux et psychologiques qui sont des traits importants des situations d'isolement que connaîtront les équipages martiens pendant leur voyage et leur séjour d'une durée totale de plusieurs années.

Finalement, les commentaires faits par l'équipage lors de la séance de dégustation des différentes salades le dernier jour ont également montré l'importance pour un équipage de pouvoir produire sa propre nourriture, même si, dans ce cas-ci, il ne s'agissait que de quelques pousses dégustées en salade comme entrée d'un repas. Ceci montre également que le sens du goût n'était pas (encore) détérioré. Il est connu effectivement que le goût et l'odorat finissent par s'émousser lors des expériences de confinement et d'isolation de longue durée, comme l'ont rapporté les cosmonautes et astronautes ayant passé plusieurs mois en orbite. Pour la petite histoire, certaines salades étaient préférées à d'autres, mais sans vraiment pouvoir dire que la production du Hab était meilleure que celle de la serre. Néanmoins, cela a été l'occasion de pouvoir célébrer ensemble un événement : la fin et le succès de notre simulation.

Finalement, c'est bien là la conclusion la plus importante d'un point de vue psychologique et simplement humain : avoir pu montrer qu'après avoir passé deux semaines enfermés et isolés à six, nous n'éprouvions pas de tension et il n'y avait pas de malaise entre nous, nous nous entendions toujours bien. Au point d'encore goûter au plaisir, même après deux semaines, d'un repas ensemble. Ceci nous rend optimiste : un jour, des hommes et des femmes pourront faire de même dans une maison sur Mars, comme dans beaucoup de maisons sur Terre.

Et après ?

Bonne question.

Quand irons-nous sur Mars ?

Eh, bien, on n'en sait encore trop rien. Il n'y a pas de plan ni de date bien arrêtés. L'Agence spatiale russe vient d'inviter au printemps 2002 la Nasa et les Européens à préparer ensemble une première mission habitée vers Mars, qui serait financée pour un tiers par chaque partie. Néanmoins connaissant les problèmes financiers et économiques en Russie, la Nasa ne veut pas s'engager actuellement, d'autant plus que l'agence spatiale américaine doit faire face à ses propres problèmes budgétaires et que la Station spatiale internationale n'est pas encore achevée.

Cependant, on peut raisonnablement prévoir qu'une première mission habitée pourrait être envoyée d'ici une vingtaine d'années. Encore une fois, ce ne sont ni les moyens techniques ni la connaissance globale de Mars qui font défaut, mais plutôt la volonté et l'engagement politiques.

En attendant cet événement important pour l'humanité, les missions automatiques de reconnaissance et d'étude du système martien se poursuivent. La Nasa vient d'engranger des résutats importants avec la mission *Mars Odyssey*, qui a permis, entre autres de découvrir des preuves indirectes de présence d'eau sous la surface de Mars. De nombreux autres résultats sont obtenus et, bien que fort intéressants, il serait trop long et fastidieux de les rapporter ici. Le lecteur intéressé est renvoyé aux différents sites web et publications indiqués ci-après.

Je voudrais cependant souligner l'effort important qui est fait en Europe – et particulièrement en Belgique et en France – pour l'exploration de Mars. L'Agence spatiale européenne a une mission ambitieuse vers la planète rouge, appelée *Mars Express*. Cette sonde devrait atteindre notre voisine à la fin 2003 et un atterrisseur serait envoyé sur la surface pendant que le reste de la sonde resterait en orbite. La sonde en orbite observera la planète et son environnement pendant une année martienne, soit 687 jours, avec sept instruments qui permettront de mesurer l'environnement et l'atmosphère de la planète et de cartographier sa surface avec une résolution de deux mètres. L'atterrisseur, appelé *Beagle 2*, transportera de l'instrumentation pour la recherche de formes de vie, présentes ou passées, entre autres par la mesure de la quantité de méthane dans l'atmosphère martienne. Le méthane est généralement produit par des formes de vie sur Terre et on espère pouvoir en détecter sur Mars également. Des échantillons de sol et de sous-sol jusqu'à une profondeur d'un mètre seront prélevés et analysés sur place pour mesurer les rapports d'isotopes du carbone, ce qui pourrait également indiquer une présence de vie actuelle ou passée.

Puis, la mission Netlander sera lancée en 2007 vers notre voisine. Cette mission est également le fruit d'une coopération internationale entre les USA et plusieurs pays européens emmené par la France et incluant la Belgique, la Finlande, l'Allemagne et la Suisse. Cette mission comportera un atterrisseur avec plusieurs expériences automatiques qui seront déployées sur la surface de Mars pour la mesure des champs magnétique et électrique, des secousses sismiques, et des paramètres météorologiques. Une caméra, un radar et un microphone seront également déployés pour l'observation de l'environnement immédiat à la surface de Mars. Finalement, une expérience belge, appelée Neige, sous la responsabilité de l'Observatoire royal de Belgique, consistera à mesurer l'effet Doppler des signaux radio entre Mars et la Terre, c'est-à-dire l'effet de variation de la fréquence des signaux radio quand l'émetteur et le récepteur s'éloignent et se rapprochent (pensez au changement de ton d'une sirène d'ambulance quand elle s'approche puis s'éloigne). La mesure de cet effet permet de mesurer très exactement les distances entre la surface de Mars, la sonde restée en orbite et la Terre, ce qui permet de reconstruire la forme quasi exacte de la planète et de mesurer des variations électriques dans la haute atmosphère.

Voilà encore un exemple d'une collaboration internationale entre scientifiques, qui laisse présager d'une future approche internationale au niveau planétaire des missions habitées vers Mars.

Toujours en attendant cette première mission, les efforts de préparation et de simulation vont continuer aussi bien du côté des agences spatiales officielles que des groupes privés comme la *Mars Society* un peu partout à travers le monde.

La *Mars Society* a ainsi d'autres plans pour installer un troisième module de simulation en Europe. Cet EuroHab est actuellement terminé et est exposé dans un musée à Chicago jusqu'à l'automne 2002, date à laquelle il devrait être envoyé et exposé en Europe, avant d'être acheminé et installé en Islande au début 2003. Les premières campagnes européennes de simulation martienne devraient commencer à l'été 2003.

Puis, plus tard, dans la période 2003-2004, un quatrième Hab serait construit et installé dans l'*Outback*, ou désert central australien.

Les deux modules existants en Arctique et dans le désert seront encore utilisés pour de nouvelles simulations, plus longues et permettant de nouvelles expériences scientifiques et d'exploration. Le chapitre canadien de la *Mars Society* compte démarrer une campagne avec des rotations de plusieurs semaines au printemps 2003 dans le Hab du désert de l'Utah. Si cela vous intéresse, la *Mars Society* recrute encore et toujours des volontaires. Allez voir sur le site web et vous trouverez toutes les informations et conditions pour y participer.

Qui sait, parmi vous qui lisez ces lignes se trouvent peut-être les premiers humains qui auront la chance de partir sur Mars d'ici une vingtaine d'années...

En avant, Mars !

Références

Quelques sites web pour en savoir plus sur

La Mars Society :

- le site de la société internationale :
  http://www.marssociety.org
- le chapitre belge de la Mars Society :
  http://www.marssociety.be/
- le chapitre français de la Mars Society :
  http://www.astrosurf.com/planete-mars/
- le chapitre néerlandais de la Mars Society :
  http://www.marssociety.nl

La première campagne de simulation martienne en Arctique de l'été 2001 :

- présentation générale :
  http://www.arctic.marssociety.org/
- le projet Nasa/SETI Haughton-Mars sur l'île de Devon :
  http://www.arctic-mars.org
- les membres des équipages de la campagne :
  http://www.arctic-mars.org/team/2000/index.html
- *Discovery Channel* comme sponsor médiatique de la campagne
  http://www.discovery.com/news/features/marsonearth/marsonearth.html

- le site *SpaceRef Mars on Earth*
  http://www.mars.tv
  http://www.spaceref.com/focuson/marsonearth/
- extraits du journal de bord de l'auteur en anglais sur le site web de l'ESA :
  http://www.esa.int/export/esaHS/ESALDSF18ZC_future_0.html
  (ou aller sur le site www.esa.int et chercher le lien *'Postcards from Mars'*)

La seconde campagne de simulation martienne de 2002 :

- rapports journaliers et scientifiques des équipages précédents (en anglais) :
  http://www.arctic.marssociety.org/MDRS/2002Dispatches/index.asp
- rapports journaliers et scientifiques de notre équipage (en anglais) :
  http://www.marssociety.org/mdrs/2002Dispatches/0415/index.asp
- extraits du journal de bord de l'auteur :
  - en français sur le site web du chapitre français de la société martienne :
  http://www.astrosurf.com/planete-mars/base_desert/2002/equipage5/base_equipe5_0704.html
  - en français sur le site web de *La Dernière Heure* : aller sur le site http://www.dhnet.be et taper Mars dans le moteur de recherche
  - en anglais sur le site web de l'ESA :
  http://www.esa.int/export/esaHS/ESALDSF18ZC_future_0.html
  (ou aller sur le site www.esa.int et chercher le lien *'Postcards from Mars 2'*)

Quelques autres sites intéressants sur Mars et les missions européennes :

- site de l'Observatoire royal de Belgique sur l'expérience NEIGE :
  http://www.astro.oma.be/D1/MARS/main.html
- site de l'Institut de Physique du Globe de Paris (IPGP) :
  http://ganymede.ipgp.jussieu.fr/
- site du *Finnish Meteorological Institute* (FMI) :
  http://www.geo.fmi.fi/PLANETS/NetLander.html
- site Nirgal reprenant tous les aspects de l'exploration de Mars :
  http://www.nirgal.net
- site de l'Astrolabe (magazine scientifique en ligne) :
  http://www.mutimania.com/astrolabe/frames.html
- site de l'Observatoire Midi-Pyrénées :
  http://www.omp.obs-mip.fr
- site de l'Agence Spatiale Européenne (Esa) :
  http://www.esa.int/
- site de l'ESA sur la mission *Mars Express*
  http://sci.esa.int/marsexpress
- sites du *Jet Propulsion Laboratory* (JPL) de la Nasa :
  http://www.jpl.nasa.gov/solarsystem/mars/
  http://www.jpl.nasa.gov/mgs

• site du Centre national d'études spatiales (CNES, l'agence spatiale française) :

http://www.cnes.fr

• site des Services fédéraux des affaires scientifiques, techniques et culturelles (en charge de la politique spatiale en Belgique) :

http://www.belspo.be/belspo/home/port_fr.stm

Quelques publications pour en savoir plus sur

La première campagne de simulation martienne en Arctique de l'été 2001 :

- la construction du Hab :
  « Martionautes dans le Grand Nord », J. Lopez, *Science et Vie Junior*, Dossier Hors Série N°40, avril 2000, pp. 34-43.
  « North to Mars », R. Zubrin, *Scientific American*, June 2001, pp. 50-53.

- l'article demandant des volontaires pour cette expédition :
  « Mars Society seeks volunteers to perform research in Arctic », B. Berger, *Space News*, 11 décembre 2000, p.8.

- la presse belge s'est fait l'écho de cette première campagne en Arctique :
  « 2001 Mars Odyssey : l'aventure recommence - Un Belge 'sur Mars' », C. Du Brulle, *Le Soir*, 9 avril 2001, p. 7.
  « Mission martienne pour un Belge », J. Miralles, *La Dernière Heure*, 29 juin 2001.
  « Vladimir Pletser : Brusselaar bereidt Marsmissie voor tussen ijsberen », *Nieuws-blad*, 29 juin 2001, p. 21.
  « Un Belge sur Mars pendant dix jours », C. Du Brulle, *Le Soir*, 12 juillet 2001, p. 14.
  « Belgische onderzoeker in simulatie van Mars », *Het Laatste Nieuws*, 13 juillet 2001, p. 9.
  « Sale temps pour l'équipage martien posé dans le Grand Nord canadien », C. Du Brulle, *Le Soir*, 19 juillet 2001, p. 12.
  « Mission martienne pour Vladimir Pletser », T. Pirard,

Athéna, N° 174, octobre 2001, pp. 100-101.

- la presse internationale a également relaté cette expédition. Parmi d'autres :
  « Let's play astronauts - Why would a group of people spend weeks in an Arctic crater, cooped up in a tin can on stilts ? », S. Armstrong, *New Scientist*, 21 juillet 2001, p. 11
  « Uma experiência no Arico », T. Russomano, *Diario Popular*, Porto Alegre, Brésil, 9 septembre 2001, p. 10.
  « Mars boot camp », F. Vizard, *Popular Science*, octobre 2001, pp. 52-58.
  « Simulation of a manned Martian mission in the Arctic Circle », V. Pletser, *ESA Bulletin* N°108, novembre 2001, pp. 121-123.

- Robert Zubrin a publié son journal de bord dans :
  « Dispatches from the Flashline Mars Arctic research Station : Learning how to explore Mars in the Canadian Arctic », R. Zubrin, article IAA-01-IAA.13.3.09, *52e Congrès International d'Astronautique*, 1-5 octobre 2001, Toulouse.

- Charles Frankel, un Français membre de la troisième rotation a publié son journal de bord dans :
  « Chroniques d'un Martien », C. Frankel, série de sept articles parus dans *Libération* du 20 au 27 juillet 2001, p. 16.
  « J'ai vécu dix jours sur Mars », C. Frankel, *Ciel et Espace*, Octobre 2001, pp. 34-38

Les résultats de l'expérience sismique franco-belge :

- quelques articles techniques et scientifiques :
  « Subsurface water detection on Mars by active seismo-

logy : simulation at the Mars Society Arctic Research Station », V. Pletser, P. Lognonné, M. Diament, V. Ballu, V. Dehant, P. Lee, R. Zubrin, *Proceedings Conference on Geophysical Detection of Subsurface Water on Mars*, Abstract 7018, Lunar and Planetary Institute, Houston, 6-10 août 2001.

« Feasibility of an active seismology method to detect subsurface water on Mars by a human crew : Summer 2001 Flashline M.A.R.S. campaign first results and lessons learned », V. Pletser, P. Lognonné, M. Diament, V. Dehant, K. Quinn, R. Zubrin, P. Lee, *Proceedings Fourth International Mars Society Convention*, Université de Stanford, USA, 23-26 août 2001.

« How astronauts would conduct a seismic experiment on the planet Mars », V. Pletser, *Actes du Symposium sur l'Influence de la Géophysique, et des Référentiels Spatiaux-Temporels sur la Rotation de la Terre*, Observatoire Royal de Belgique, Bruxelles, p. 28, 24-26 septembre 2001.

« Simulation of Martian EVA at the Mars Society Arctic Research Station », V. Pletser, R. Zubrin, K. Quinn, *53e Congrès International d'Astronautique - Le Congrès Mondial de l'Espace*, Houston, papier IAC-02-IAA.10.1.07, octobre 2002.

- quelques conférences et séminaires donnés sur le sujet :

  « L'exploration humaine de Mars passe par l'Arctique », conférence organisée par le Kot Astro, Université de Louvain, Louvain-la-Neuve, 8 février 2002.

  « How astronauts would conduct a seismic experiment on the Planet Mars », conférence invitée, Symposium sur l'Influence de la Géophysique, et des Référentiels Spatiaux-Temporels sur la Rotation de la Terre, Observatoire Royal de Belgique, Bruxelles, 24 septembre 2001.

« Simulation d'une mission martienne habitée dans l'Arctique canadien », conférence invitée, Deuxième réunion plenière, Musée de l'Air et de l'Espace, Le Bourget, 9 septembre 2001.
« Results of a simulation of a human Mars mission in the Canadian Arctic », séminaire, Estec, 3 septembre 2001.

Le Canada et le Nunavut :

« The rough guide to Canada », T. Jepson, P. Lee, T. Smith, *Rough Guides*, Penguin, London, June 2001.
« The Nunavut handbook », M. Soublière, *Nortext Multimedia Inc*, Iqaluit, 1998.

La seconde campagne de simulation martienne de 2002 :

- la presse belge a relaté cette seconde campagne dans le désert :
  « Le journal d'un Martien », extraits du journal de bord de l'auteur dans une série d'articles parus dans 'La Dernière Heure' entre les 8 et 18 avril 2002.

- et dans la presse internationale, cette campagne a fait quelques premières pages :
  « Peterchens Marsfahrt », *Die Zeit*, Nr 17, 18 April 2002, p. 31.
  « Life on Mars », C. Laurence, *The Sunday Telegraph*, Review, Londres, 5 mai 2002, p. 1-2.
  « Life on Mars », C. Laurence, *Irish Independent*, Weekend, Dublin, 18 mai 2002, pp. 12-14.
  « Mission to...Utah ? - Would be voyagers to Mars look for lessons about how people would fare on a real mission to the fourth planet », D. Real, *The Dallas Morning News*, Section C, 6 juillet 2002, p. 1C-2C.
  « Nos vemos en Marte - Una colonia de cientificos se entrena en el desierto de Nevada para vivir en Marte », C. Laurence, *El Pais Semanal*, N°1349, 4 août 2002, p. 1, pp. 30-37.

Quelques articles techniques et scientifiques sur l'expérience de croissance de plantes pendant la seconde campagne :

« Would the first astronauts on Mars grow vegetables for their consumption or for their psychological well-being ? », V. Pletser, C. Lasseur, *Actes de la deuxième convention européenne sur Mars EMC2*, Rotterdam, 27-29 septembre 2002.

« A closed Mars Analog simulation : the approach of Crew 5 at the Mars Desert Research Station, April 8-20, 2002 », W.J. Clancey, A. Fori, J. Osburg, V. Pletser, D. Real, N. Wood, *Actes de la cinquième convention internationale de la Mars Society,* Université du Colorado, Boulder, USA, 8-11 août 2002.

« First observation regarding the psychological impact of growing vegetables during a manned Mars mission simulation at the Mars Desert Research Station », V. Pletser, C. Lasseur, en préparation.

Quelques autres livres intéressants :

The case for Mars - The plan to settle the red planet and why we must, R. Zubrin, Touchstone, New York, 1997.

First landing, R. Zubrin, Penguin Putnam, New York, 2001.

La trilogie *Red Mars* (1993), *Green Mars* (1994), *Blue Mars* (1996), Kim Stanley Robinson, Bantam, New York ; version française aux Presses de la Cité, Paris.

Mission to Mars, An Astronaut's Vision of Our Future in Space, Michael Collins, Grove Weidenfeld, New York, 1990.

La découverte potentielle d'eau sur Mars

Cette découverte a été annoncée un peu partout, entre autres dans :

« Massive water-ice deposit on Mars may be magnet for future missions », B. Berger, *Space News*, 3 juin 2002, p.1-3.

Les futures missions automatiques européennes vers Mars :

« Mars Express : the ESA project »; D. McCoy ; « Mars Express : the Beagle 2 », C. McCarthy ; *Actes du Symposium 'Mars, planète vivante' organisé par le chapitre néerlandais de la Mars Society*, Université de Delft, 2 juin 2001, pp. 6-9.

Publications scientifiques sur l'état de nos connaissances sur Mars :

« Insight Mars », *Nature*, reprint from Vol. 412, No 6843, 12 juillet 2001.

« Exobiology in the Solar System & the search for Life on Mars », ESA SP-1231, Noordwijk, octobre 1999.

Remerciements

À beaucoup de gens, bien sûr, pour mener à bien une aventure comme celle-ci.

À ma famille d'abord, Jayne et Dimitri, pour leur support et leur patience.

À mes amis pour leur aide, et ils sont trop nombreux pour tous les nommer ici. Néanmoins, quelques mentions spéciales pour Véronique, Philippe, Michel, et Christophe pour leur aide à préparer les expériences ; Christian, Théo et Juan pour leur aide à faire passer l'information ; Robert, Bill, Kathy, Steve, Charles, Andréa, David, Jan et Nancy, mes compagnons d'aventure en Arctique et dans le désert ; Aziz pour son accueil ; Colleen, Pascal, John et Joe pour leur aide logistique sur le terrain.

À l'Institut de Physique du Globe de Paris pour le prêt de l'instrumentation de géophysique.

À l'Agence spatiale européenne pour le prêt répété des caméras et du matériel informatique.

Et enfin, à Konstantin, pour son élan vers l'espace et l'inspiration à beaucoup de l'exploration d'autres mondes.

Table des matières

Achevé d'imprimer en février 2003
pour le compte des ÉDITIONS LABOR
sur les presses de l'Imprimerie SNEL
à Liège (Belgique).